U0031565

食戰！

數據化的美味行銷

從吃播美食到熱銷趨勢，
首爾大學的料理科學團隊
創新感官實驗

푸드 로드 음식 트렌드를 찾는 서울대
푸드비즈랩의 좌충우돌 미각 탐험기

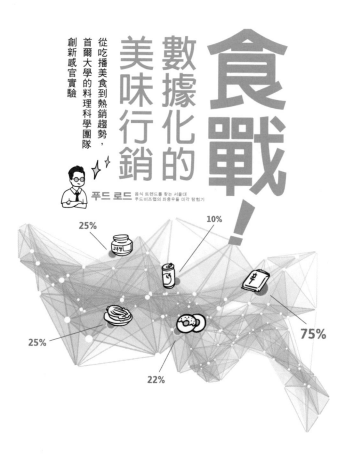

25%

10%

25%

75%

22%

著 / 文正薰（문정훈）、Food Biz LAB

譯 / 劉宛昀

食戰！

數據化的美味行銷

從吃播美食到熱銷趨勢，
首爾大學的料理科學團隊
創新感官實驗

푸드 로드 음식 트렌드를 찾는 서울대
푸드비즈랩의 좌충우돌 미각 탐험기

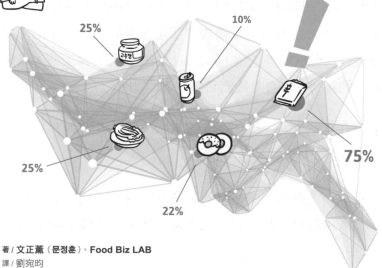

25%

10%

25%

75%

22%

著 / 文正薰（문정훈）、Food Biz LAB
譯 / 劉宛昀

序

撰寫這篇文章時，我正位於日本東京日本橋地區的一處公寓酒店。在剛過了 2020 年春節連假晚上 8 點 40 分的此刻，我們 Food Biz LAB 的 3 名成員正站在地獄門前。不，應該說是昏倒在地獄門前。即便大家都快死了，仍在出版社的敦促下撰寫本書的序，如果在書籍出版後幾週我還在世的話，可能正在和西班牙薩拉戈薩的另外 3 位 Food Biz LAB 研究員碰面吧。然後，西班牙的科學家又會帶我們到另一道地獄門前。

我們今天吃了 65 種海洋蛋白質製品。正確來說應該是試吃才對，都是為了以下的研究主題：

「什麼才是創新的海洋蛋白質基底（魚、蛤蜊、魚板等）食品呢？」再具體一點的話，也就是「能獲得大韓民國消費者青

睞的海洋蛋白質製即食食品，應具備何種特性呢？」

為了尋找此疑問的解答，我們在日本試吃了 65 項產品，正在暴食而死的門檻前硬撐著。也許有人會這麼說：

「拜託，何必全都吃下去？不過是試吃而已，不能嚐嚐味道就吐出來嗎？」

當然可以。但吐出食物的話就會略過一個動作，即是「吞嚥」。

構成食品與飲料的其中一項要素是口感（texture），而構成口感的其中一項要素便是吞嚥。因此，試吃時我們盡可能不將食物吐掉。儘管食品感官（sensory）（想問這是什麼？在本書中會經常出現）教科書教我們不要將食品吞下，應該要吐出來，不過我們是按照自己的方式做。所以，我們把所有食物都吃下去了。

就這樣，我們今天吃了以魚、蛤蜊、蝦子等加工製成的 65 種冷藏、冷凍食品，並從中得到了幾個有趣的啟發，例如以下幾點：

以大醬湯煮成的魚板湯對消費者也有吸引力；比起加入更多魚板，添加較多蘿蔔和蔬菜的魚板湯，更能吸引重視健康的韓

國消費者；以及基於這個原因，我們必須研究如何好好保存蘿蔔等蔬菜口感的方法。我們將這些能讓脾胃舒暢的點子，一項項記錄下來。

就在我們試吃了 65 款產品後，面臨著生死存亡之秋的瀕死瞬間，可惡的出版社老闆卻打來日本催促道：「該趕緊完成了吧？」意思是即使我們的肚子都快撐破了，也必須寫完序再死囉？

在日本找到的創新產品僅是我們的第一步而已。為了進行海洋蛋白質研究，我們向歐洲的知名企業請求支援，其中許多單位都表示感興趣。未來幾週，我們將會和那些讓飲食更豐盛、更便利的英國、德國與西班牙的知名蛋白質產品製造商行銷人員及食品科學家見面。

他們正在革新的是什麼呢？什麼要素能讓我們的消費者更快樂呢？首爾大學 Food Biz LAB 把胃清空，前往世界各地去尋找答案。這項研究的詳細內容，幸運的話，也許能在幾年後本書的續集出版時揭曉。

食戰！數據化的美味行銷
從吃播美食到熱銷趨勢，首爾大學的料理科學團隊創新感官實驗

那麼，現在就來喊一下我們實驗室的口號吧！

「我們不是因為愛吃而吃，是為了工作才吃！」

為什麼？為了創造一個能夠樂食、樂飲、樂遊的世界！

這不就是幸福嗎？

文正薰　謹代表 Food Biz LAB

Food Biz LAB 的開始

　　那是 2011 年 9 月中秋連假時的事了，當時我從韓國科學技術院（KAIST）管理科學系的教授，轉職到首爾大學農業經濟社會學院剛過了一年。因為受到附屬於農林畜產食品部的國家食品產業聚落服務中心的請託，於是和他們的幾位職員一同到歐洲出差。我們造訪了荷蘭的瓦赫寧恩大學與瑞典的隆德大學，發現這兩所大學和我所知的一般大學不一樣。

　　學校的內、外，無論是空間上或概念上的界線都很模糊，意思就是，我很難區分我造訪的地方究竟是大學或是企業。那裡有很多看起來既非教授、研究員，也非職員或企業家，且工作內容不甚明確的人。不對，應該說，那裡有很多看起來既是教授、研究員，也是大學的職員、企業家的人在工作。

後來我才了解，這兩所代表了荷蘭與瑞典的大學取向與首爾大學不同。如果說一般我們所知的大學是以研究為中心的大學，那麼這兩所大學就是企業型大學（entrepreneurial university）。韓國國內主要大學在過去二十多年來蓄積了研究能力，並致力躋身全球研究型大學，政府也投入了龐大的國家研發（R&D）資金。我國投入研發的經費佔國內生產總值（GDP）比率，在全球是壓倒性的第一名。現在國內多所大學的研究成果，可與其他國家的大學並駕齊驅。然而，韓國在能夠反映出研究成果對產業影響力的「技術產業化指標」方面，表現卻相當低落，意即大學的研究並未與產業攜手並進。

相反地，比起研究本身，企業型大學是朝著能創造實際價值的方向移動。為此，他們打破校園藩籬，與在地民眾、企業和各種產業領域共同進行研究、創造。農業與食品方面研究能力很傑出的瓦赫寧恩大學，在消弭了學校的疆界後，全世界的農業與食品企業便開始蜂擁至瓦赫寧恩地區，大學與校園附近也設立了研究所與聯絡處，開始進行交流和運作。同樣地，生物科學與食品相關的企業也聚集到了隆德大學，大學內相關領域的新創公司相繼成立。在農業、生物科技與食品領域裡，這兩地是創造出全球最高產值的地區，也就是說，它們形成了產業聚落（cluster）。

好好教育學生、寫出好論文對這兩所大學的教授們雖然重要，但也必須和創造出實際價值的企業合作、貢獻所學。他們總會和那些與自身擅長領域相關的公司和人士，共同創造出一些東西來；如果不這麼做，身為教授的他們便無法獲得良好的評等。

自然而然地，這些地區因此創造了就業機會，人們蜂擁而至，知識滿溢，最後躋身為全球產業龍頭。瓦赫寧恩大學的周邊地區，我們稱之為「糧食谷」（Food Valley），全世界大多數的食品創新都從此地萌芽。而隆德大學鄰近地區，則是形成了革新斯堪尼食品的網絡，尤其是食品包裝方面的革新都源於此地。

見識到這番場景的我受到了很大的衝擊。首爾大學究竟在做什麼？還有，我究竟在做什麼？於是，身為教授的我改變了方向。從搭上飛機到抵達仁川國際機場的那刻起，我已經改變了。

首爾大學 Food Business LAB，簡稱 Food Biz LAB，在此時邁出了第一步。方向的定位很簡單，我們實驗室的任務，從「在農產食品領域培養優秀研發能力、貢獻所長」改成了「創造樂食、樂飲、樂遊的世界！」這樣更具體的內容。在「2011 年中秋的衝擊」之後，我們開始改變了方向，像是和負責第一級生產的農夫共同研究，和主廚合作以解決外食業者困難，與食品

廠商的行銷人員一起苦惱市場策略。而我們研究的主題十分具體，變成朝「解決農產食品業問題」的方向走，Food Biz LAB 想要成為飲食相關產業領域的探究者、對策專家。本書記錄了那段過程中發生的大小事以及奮鬥的歷史。

　　Food Biz LAB 真的對創造一個樂食、樂飲、樂遊的世界有幫助嗎？希望大家讀完這本書後自行判斷。我們相信，在一個能吃得更好、喝得更好、玩得更盡興的世界，幸福將唾手可得。

| Contents |

▍第 1 章 以視覺享用的「味蕾」世界

▍第 2 章 悄聲勸進葡萄酒

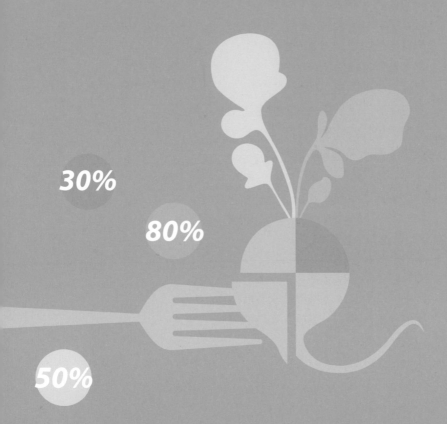

第 1 章

以視覺享用的「味蕾」世界

像我這樣的第一級生產者想要銷售產品時，最缺乏的就是專家的分析和意見。雖然想把我親自從海裡捕來的鰻魚，以迎合消費者喜好的方式加工，透過合適的銷售管道介紹給市場，但這並非容易的事。此外，如果想打破一般人認為「鰻魚不過就是鰻魚」的成見，讓大眾認識各種鰻魚和鰻魚加工製品的魅力，就更令人苦惱了。我透過社群平台認識了文正薰教授，從 Food Biz LAB 獲得了很多幫助。

洪明莞（홍명완）（多情水產代表暨船長）

「教授，到此為止吧。我真的快要吐了。」

　我似乎應該對當時苦苦哀求的學生們抱著歉疚的心，再開始說下面的故事。研究之路，原本就是條艱辛又令人想吐的道路。我認為在首爾大學 Food Biz LAB 正式成立前進行的這項研究，期間發生的小插曲足以說明這些艱辛又令人想吐的研究，如何能成為社會的一座花園，又如何開闢出一條繁花盛開的新道路。

透過眼睛品嚐葡萄酒

　　我們來想像一下，該如何向那些對韓國飲食感到好奇的朋友形容米酒的味道呢？想必要動員所有已知和未知的單字才辦得到。這樣一來，還不如直接帶他們到鐘路的廣藏市場，招待他們吃綠豆煎餅配馬格利米酒來得更實際。

　　那麼對我們而言，葡萄酒怎麼樣呢？我們聽不太懂被視為葡萄酒專家的侍酒師的說明：「在微微的礦石味漸漸消失的同時，感受到了勃根第土壤微鹹的香氣，接著散發濃郁滑順的法國橡木桶風味……」這到底是什麼意思？對韓國大叔們而言猶如葡萄酒教科書的漫畫《神之雫》裡，不斷湧現出這類的描寫。這種彷彿散發著「黃昏夕陽染紅了天空，附近人家開始準備晚飯，我卻因為空地飄來的青草氣息，在回家途中迷了路，正想哭的瞬間，有位和藹的男人走向我，伸手塞給了我一塊餅乾」味道的葡萄酒，究竟是怎樣的味道？

　　某天我在網路上搜尋著葡萄酒。我在全世界最大的葡萄酒網路商店 wine.com 上找酒，找著找著卻發現一件有趣的事——這裡販賣的葡萄酒標有視覺化風味圖表，那是任何人看了都能輕

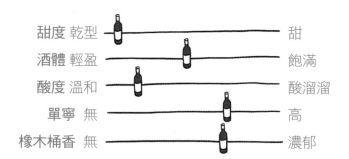

甜度	乾型	甜
酒體	輕盈	飽滿
酸度	溫和	酸溜溜
單寧	無	高
橡木桶香	無	濃郁

列成一張圖表,是不是就算沒親自嚐過味道,
也能大致靠眼睛判斷這是否合自己胃口了呢?

易推斷出葡萄酒味道與香氣的圖表，因為這不是透過嘴巴，而是透過眼睛看見的味道，所以可稱之為「視覺化風味圖表」。

看見這些圖表，即便不是侍酒師，也可以將葡萄酒的味道形容得有模有樣。因為圖表中分成了甜度、酒體、酸度、單寧、橡木桶香氣等幾個項目，只要看了即可大致猜到那是什麼味道。不喜歡甜度高，偏好酸度較低的紅酒的我，只須依照上面的圖案購買就可以了。風味圖表所解決的不是品質問題，而是喜好問題，因為他們提供了有關葡萄酒味道與香氣的重要線索。

味道、香氣與其判斷的標準，其實是屬於主觀的感受，因此不容易透過客觀的文字傳達。但是，如果將特定材料中發現的幾項共同特徵作為要素，進行反覆的實驗，即能得出可信度高的數值。儘管這不是放諸四海皆通用的「味覺絕對值」，但至少我們能以「這支葡萄酒比那支更清爽，酸甜的風味更強烈」，或是類似「嚥下時感覺厚重，餘味可能帶有微微甘甜」這種方式表達。利用圖案，我們就能輕鬆地互相溝通了。

對這些很直觀的圖示著迷的我，心想要是把這個點子也應用在葡萄酒以外的各種食品上，不知道效果如何。其實，這種圖表不僅提供了葡萄酒的相關資訊，對增進消費也有影響。尤其

像葡萄酒這樣種類繁多，難以判斷是否合胃口的情況下，圖示多多少少能降低資訊的不明確，讓消費者更容易選購。曾在外國朋友面前，因為找不著適合的單字來說明味道而尷尬的人，想買某樣東西卻不懂如何判斷味道而猶豫的人，只要看了這些圖表，就能和以上煩惱說再見了！

泡菜和辣椒醬能用眼睛品嚐嗎？

當時，我們對國內的小型業者、農家所生產的泡菜與辣椒醬有興趣。原因很簡單：因為賣得不好。在超市販售的產品，多半是大公司所生產的品牌泡菜、高級辣椒醬等。地方上許多無名的泡菜、辣椒醬，無論再好吃、風味再獨特，也難有機會接觸到消費者，這對生產者和消費者而言都是損失，實在令人感到鬱悶。小規模農家製作的泡菜或辣椒醬，大部分的人因為不認識所以不會買。這些無奈身處於不利的廣告行銷條件下的產品，在還沒來得及向大眾炫耀自身的美味之前，就已面臨斷炊危機。

這些地方上不知名的泡菜和辣椒醬，因為難以在實體超市上架，因此大部分僅在網路賣場販售。難道他們只能靜待消費者將產品點選至「購物車」嗎？這真不容易。由於消費者無法在網路賣場上試吃，於是不知道該產品有多辣或多鹹。

因此，我們認為味覺圖表將會有助於產品在網路上的銷售。為了克服無法直接品嚐的侷限，必須提供以客觀且高度可信的方式驗證過的完整商品資訊。如果提供消費者正確且合適的資訊是食品銷售業者的角色，那麼，現在就是大顯身手的時候了。對策專家們出動！

味覺的復仇者聯盟，誕生！

現在講起來似乎很簡單，不過我們當初可是花了好長時間和努力去說服農村振興廳。在誠心地說明我們能夠幫助地方上那些辛苦栽種白菜和蘿蔔的農民，和使用自家獨特配方製作傳統泡菜與辣椒醬的人後，農村振興廳終於伸出了援手。

雖然我們從農村振興廳獲得了研究經費補助，可是以科學方式測定味道的設備與經驗仍嫌不足。我們所相信的，僅是下定決心要鑑別味道的那股熾熱的意志罷了。因此，我們向忠南大學食品營養科的金美梨（김미리）教授傳了求救信號。即便研究經費稱不上充裕，金美梨教授還是欣然同意了共同研究的提議，並負責了這項研究中最重要的「味的數值」之測定，於是「味覺的復仇者聯盟」就此誕生。

首先，我們尋找在京畿道銷售各式各樣泡菜與辣椒醬的地方，結果發現有一間由京畿道所營運的京畿線上商城（facebook.com/kgfarm），便決定研究在此銷售的地方農協或農家製作的產品。我們購買了20種泡菜與15種辣椒醬試吃，著手進行研究，此外，團隊也購入了在超市裡販賣的幾款由企業生產的泡菜與辣椒醬，用來試吃和比較。回想當時，我們都各自懷抱著使命感和期待而熱血不已。

決定泡菜與辣椒醬味道的 5 項要素

　　將泡菜與辣椒醬味道透過視覺呈現的實驗，比我們預想的還要不容易，問題在於應該如何設下消費者對泡菜味道偏好的分類標準。人在吃泡菜時，究竟看重味道的哪些層面呢？以韓國人來說，由於大部分人是從小就經常吃，因此各自對泡菜口味的標準都很嚴苛。吃下一口熟成的泡菜時，多重的滋味在嘴裡如洪水般依序湧現、擴散的味覺饗宴，究竟該以怎樣的標準來說明呢？然而，圖表也不能因此變得太複雜，我們需要的是任何人都能直接理解的說明。

　　最後，我們歸結出甜味、鹹味、辣味與酸味 4 項標準，但似乎仍少了什麼，應該還有一樣才對。於是，金美梨教授研究團隊提議加入「鮮味」。似乎就是這個！但有人會不喜歡鮮味嗎？大家對泡菜甜味的偏好見仁見智，對鹹味、辣味、酸味也各有喜好，但幾乎所有人都愛鮮味。如此一來，有鮮味與否便不是偏好的問題，而是品質的問題了。更何況，消費者要是看到鮮味低的圖案，還會想買這項產品嗎？這部分容易引起誤解，因此最終沒有採納。

食戰！數據化的美味行銷
從吃播美食到熱銷趨勢，首爾大學的料理科學團隊創新感官實驗

我們想了又想，卻意外發現答案近在眼前。來談一點我個人的故事好了。我是釜山人，為了讀大學而搬到首爾，一段時日後，也達成了人生中一項重要的目標，就是「和首爾女人結婚」。在首爾妻子第一次到釜山婆家吃飯的那天，她用筷子夾起了陳年泡菜，卻突然瞪大雙眼、說不出話來，因為她夾起的泡菜底下，默默躺著醃透了的魚頭。沒錯，就是魚醬。韓半島南部濱海地區的人，把魚殺了以後直接和泡菜放在一起發酵，與爽口滋味同時湧現的便是魚醬香！不過，這卻是首爾泡菜中相當缺乏的。因此，我們最後加入的項目就是「魚醬香」了。雖然首爾人大部分都是在泡菜裡加入蝦醬，不過每個地區會在泡菜中加入各式各樣的魚醬，而且可依據偏好設計出各種魚醬香的圖示，所以很適合作為將泡菜特色視覺化的項目。

　　辣椒醬也和泡菜很類似。整體的味道分為甜味、鹹味、辣味和酸味，但總覺得還少一味。在會議上，金美梨教授以輕柔而堅定的聲音表達了自己的意見：

　　「大家都知道我們已經吃過市面上賣的和各地農家做的辣椒醬了，不過有一樣很明顯的差異。」

　　「喔？什麼差異？」

「豆醬香。大公司銷售的辣椒醬，幾乎吃不出豆醬的香味，可能是製作過程中很難讓豆醬發酵吧。反而地方農家製作的產品，或多或少都能感覺到豆醬香味。」

豆醬啊。我對豆醬的香味不太清楚。在釜山都會區長大的我，不曾有過和豆醬相關的經驗。金美梨教授又補充說明：

「不是在鄉下長大的那些現代主婦，如果吃到這種豆醬經過發酵後製成的辣椒醬，反而會感覺到一股澀味，但假如是從小就在鄉下成長，或是一直吃著鄉下祖母寄來的辣椒醬長大的人，就會記得也習慣那種香味。他們會覺得那是好吃的味道。」

於是，我們復仇者聯盟最後加了豆醬香這個項目。豆醬香濃郁的辣椒醬雖是以傳統方式製成，但消費者對此的喜好見仁見智，因此有必要事先告知這項差異。也就是說，豆醬香是能夠將消費者對辣椒醬喜好進行分類的一項明確基準。

合成的味覺難以測定

正式開始進行實驗的我們，首先決定測定市面上幾乎所有的泡菜與辣椒醬的味道。該如何著手呢？在第一階段，為了盡可能設下客觀的標準，我們使用測量機器來測定味道。測量甜味使用甜度計、鹹味用鹽度計、酸味用酸度計，而辣度就以能測出史高維爾辣度單位（Scoville Scale）的層析儀器。這些儀器會確確實實地告訴我們食物的甜、鹹、酸、辣程度。然而，得知了這些數值，就能聲稱我們徹底了解味道了嗎？

人類進食的時候與機械不同，我們會感受到各種滋味同時在嘴裡「融合」而成的味道。人從嘴裡嚐到的味道，是由各種味道相互作用後合成的，因此實際上非常鹹的味道，在與其他味道相互作用後，感覺起來並不那麼重。所謂味覺的世界，越想越覺得深奧。

就以燉湯來說好了。燉湯時想讓湯頭更甜，於是加了糖進去。加了糖後味道會變甜，可是如果加了太多會有問題。比起「味道變甜」的訊號，人類大腦收到糖特有的「甜膩味」訊號反而更強。同時，我們會意識到這鍋燉湯毀了。這種情況下，如果

成為感官專家的道路十分險峻，
爬上去前請先記住自己的微笑，
因為接下來可能很久都不會再見到它了……

食戰！數據化的美味行銷
從吃播美食到熱銷趨勢，首爾大學的料理科學團隊創新感官實驗

想讓湯頭變甜，先別貿然加入糖，試著放一點鹽吧。天啊，這下子甜味全湧了上來。儘管沒加糖，也能感覺到變甜了。以甜度計測量的話，實際上的甜度並無變化，這不過是味道相互作用的結果而已。

那麼湯太鹹時該怎麼辦呢？一旦加了水，湯頭會整個變淡。解決方法是放入能釋出甜味的洋蔥稍微燉煮一下，或加入半匙的糖，就會發現鹹味竟然降低了。以鹽度計測量看看，鹽度其實沒什麼改變。果然，這是味覺相互作用的效果。

人類並不是分別感受每一種味道，而是像這樣，透過相互作用去體驗味覺。為了盡可能測量出最接近人類實際感受到的「合成味覺」數值，光以儀器檢測是不夠的。因此，第一階段中我們以檢測儀測量了各種味道，第二階段就讓忠南大學食品營養科的 30 名學生共同參與研究。他們擔當了親嚐味道，並將自己感受到的味覺轉換為數值的角色。這種實驗稱為感官實驗（sensory test）。

藉由這篇文章，我再次向共同參與感官實驗的 30 位學生表達謝意。為了進行準確的實驗與確實的分析，他們在一個月內每天反覆地吃泡菜，假如沒訓練出對特定產品群的味覺敏感度，

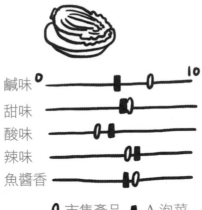

鹹味 0━━━━━■━O━━━━10

甜味 ━━━━━O◤━━━━━

酸味 ━━━O■━━━━━━

辣味 ━━━━O◤━━━━━

魚醬香 ━━━━■O━━━━━

O 市售產品　■ A 泡菜
　平均值

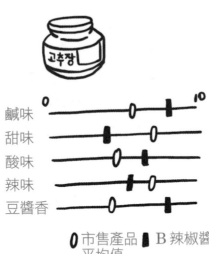

鹹味 0━━━O━━■━━━10

甜味 ━━■━━O━━━━━

酸味 ━━━O━■━━━━━

辣味 ━━━■O━━━━━━

豆醬香 ━━O━━━━■━━━

O 市售產品　■ B 辣椒醬
　平均值

食戰！數據化的美味行銷
從吃播美食到熱銷趨勢，首爾大學的料理科學團隊創新感官實驗

便無法把味道數值化。吃了泡菜後，漱漱口，接著吃另一種泡菜，再漱漱口，我們以這種辛苦的方式，將學生鍛鍊成如料理漫畫中對味覺相當敏銳的評審委員。那辣椒醬呢？幾乎沒有人會喜歡不搭配任何小菜，一口接一口吃辣椒醬的訓練吧。不斷有學生哀號著「快要吐了」、「做不下去了」，但是我們無法中途放棄研究，於是所有人都噙著淚，繼續進行後續的實驗。他們確實是值得尊敬的學生。

好，現在進入正題吧。我們依序提供市面上販售的大品牌泡菜、辣椒醬產品給經過高強度訓練的試味員。泡菜以一週內生產的為限，因為泡菜發酵期越長，酸味會越發濃郁。我們將感官實驗小組所提交的數值套用在檢測儀器測出的數據上，再經過校正後得出了最終數值。依產品分類的鹹味、甜味、酸味、辣味與魚醬味、豆醬味（正確來說應該是魚醬香、豆醬香）相關數據開始一個個冒出來，匯集了這些資料的我們，推導出大公司生產的所有泡菜、辣椒醬產品的各種味道平均值。在左頁的圖表裡，以圓圈標示處即代表當時大韓民國泡菜與辣椒醬的平均味道。

然而，學生們的痛苦尚未結束。這回要一個個品嚐的是地方上的農家、小公司所生產的泡菜與辣椒醬！學生們將嚐過的產

品味道數據化，再校正成儀器檢測出的數值後，計算出最終的結果值。經歷這番痛苦的過程，完成了 10 種泡菜、8 種辣椒醬味道，一共 18 幅的視覺化圖表。在 P.32 圖中以四方形標示處，即代表在地方上生產的泡菜與辣椒醬味道。

將味道視覺化有助於銷售嗎？

我們決定在販售這些產品的京畿線上商城商品頁面裡，插入味道的視覺化圖表。為什麼？因為要確認這是否有助於銷售。首先，在提供圖表前，我們先觀察各產品一個月以來的銷售趨勢。調查完所有正在販售中的泡菜、辣椒醬產品後，才將味道的圖表置入各個產品頁面。此時，所有產品中半數都加上了味道的視覺圖表，其餘的半數則無圖表。接下來，就等顧客實際從網頁上購買了。我們忐忑地等待著結果，究竟套用了圖表的泡菜和辣椒醬，能賣得更好嗎？

直到結果出爐的那天，我們全都戰戰兢兢的。我們的邏輯是這樣：看到風味圖表的顧客，即使無法以嘴巴試吃，也能以眼

睛判斷這項產品是否合自己的胃口。如果資訊不足，顧客會覺得難以抉擇，要是在不清楚的狀況下買了不合胃口的產品該怎麼辦？我討厭帶甜味的泡菜，但這款泡菜卻是甜的，怎麼辦？一旦出現這種疑慮，理性的消費者就不會購買。而我們認為視覺化的風味圖表，將能克服選購過程中資訊的不確定性。

相反地，這也有令人擔憂的層面。假如提供了具體的味道相關資訊後，讓衝動購買行為消失，我們擔心銷售量是否會因此降低。雖然抱著賭一把心態的客人可能僅佔少數，但原本認為反正不清楚味道，於是決定直接買來吃吃看的人，將會因為圖表的出現而減少這類行為。假如銷售量下降了呢？要是這項研究反而造成農民的損失該怎麼辦？

與最前線並肩齊行的 Food Biz LAB

等了又等，終於到了成果發表日。我們抱著緊張的心情接收了銷售數據，進行統計分析。結果呢？是成功的。相較於未提供視覺化風味圖表的產品，提供了圖表的產品銷售量比起前一

個月有了明顯的增長。仔細地檢視結果後，我們觀察到有趣的現象：附上視覺化風味圖表的產品，顧客會一次性購買較多數量。意即，多虧了這份圖表，顧客相信這款泡菜或辣椒醬將會符合自己的胃口，因此出現了選購大容量包裝，或是一次購買數個的消費模式。

我們立刻告知京畿線上商城相關人員這個消息。因為受到實驗結果鼓舞，大家都很開心，銷售量增長的泡菜、辣椒醬地方產銷業者也向我們表達了謝意。聽見感謝的話，內心一方面覺得很有成就感，一方面又有些不好意思，心情好比是走在一條花團錦簇的路上。

這項幫助了產業前線的研究，為 Food Biz LAB 日後的研究確立了方向：我們與最前線並肩作戰，助前線一臂之力！

簡單地說一下後記。那年年末，在農村振興廳報告研究結果時，相關人員都感到新奇和訝異，接著，他們開始推動將視覺化風味圖表應用在各地方自治團體的農產加工品上的計畫。隔年，一些地方自治團體以我們的研究報告為基礎，開始進行了自己的研究。當然，研究過程並不容易，畢竟具備實驗過程所需的設備與人力的地方不多。儘管如此，至少我們的研究能對

京畿道農家的所得有一點貢獻，而且也驗證了風味圖表能對消費者的購買決策有正面影響，這都讓我們受到了鼓舞。

　　雖然已是 10 年前的往事，但在京畿線上商城網站，仍有一些我們復仇者聯盟以及 30 位忠南大學食品營養科學生所協助過的產品在架上。現在，我依然感受到身為對策專家的欣慰與成就感，儘管我很難保證那些泡菜與辣椒醬十年來都維持著相同的味道。

🍶 給美食家的祕訣

　　商品品質有好有壞，但是喜好並無好壞之分。
品質要求的核心是原料的優劣、衛生安全，以及
是否具有營養價值。對於品質的問題，不存在妥
協的餘地。然而，喜好的問題應考量的是產品是
否合胃口，以及要在何種情況下消費。亦即，請
找出人的喜好為何，以及滿足個人喜好的要素是
什麼。如果有符合喜好的產品，那麼去探尋為什
麼符合喜好便很重要，如此一來就不會失敗。了
解為什麼特定品牌的泡菜合胃口或是不合胃口的
原因十分關鍵，請稍微研究一下是因為魚醬種類，
還是因為辣椒粉的特性、白菜品種等因素造成的。
餅乾、飲料和肉品也是同樣的道理。品質與喜好，
是不同的概念！這也是成為美食家的必經之路。

給商家的祕訣

　　顧客在購買食品或食材時，如果有不確定性便會有所顧忌。雖然這不確定性也可能是因為品質問題，但是大部分時候都是喜好的差異所造成。品質問題，是最需要徹底解決的。排除品質不確定性的基本問題後，接著要處理的是因個人喜好而產生的不確定性。尤其食品是我們活用五種感官後才決定消費的商品，因此變數又更大，購買後才發現不合胃口就很尷尬。當價格越貴，喜好的不確定性越有可能導致購買欲望下降。但話雖如此，也不可能讓所有顧客都試吃過才販賣商品。這時候，請多多利用簡單的視覺化風味圖表吧！尤其在觸摸不到商品的線上購物網站，這類的圖表將發揮更好的效果；如果是實體商店，也可以標示在包裝或架上等。你知道在葡萄酒零售業經常採用這種方式，對吧？

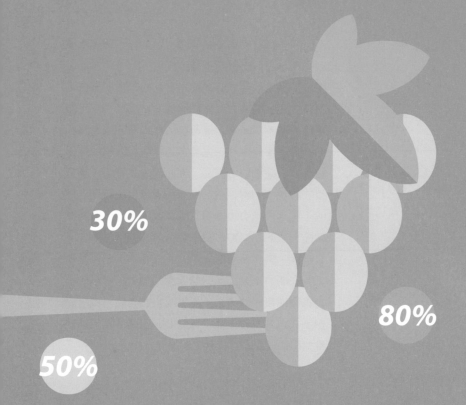

第 2 章

悄聲勸進葡萄酒

文正薰教授在 3 年前收到某個素未謀面、不知道是哪來的漁
夫傳去的臉書訊息：

　　「教授，您好。我是在保寧捕鰻魚的漁民，我希望在自家品
牌名稱裡加入我要對消費者說的話，所以想聽聽專家的意見。」

　　原本擔心教授不回應的話該怎麼辦，但令我汗顏的是，文教
授多次積極表示願意和我一起想辦法和交流。於是，適合我們
「海蘊」（바다담아）的 Fisherman's Choice 就此誕生。總是站
在生產者立場替我們費心的文正薰教授和 Food Biz LAB 研究員
們，至今仍然為創造生產者的價值而四處奔波。

　　　　　　　　　　　　　　　洪明亮（多情水產代表暨船長）

Food Biz LAB 的研究員大部分都是美食家兼愛酒人士。一般普遍認為美食家是「享受高級飲食的好事者」，然而事實並非如此，美食家是以了解這種食物和那種食物為什麼不同為出發點。因此，他們必須知道各種食材的差異與烹調方式。真正的美食家，連吃一粒草莓也會想知道其品種，並好奇該如何種植；只是吃一碗豬肉湯飯，也會研究湯底是由骨頭和內臟燉煮的，或是單純以肉燉煮出來的。

　　喝酒時也一樣。愛酒之人，不是無論綠瓶子的燒酒或棕色瓶子的啤酒，只要是能提高體內酒精濃度的飲料就喜歡。每一種酒都是由農作物製成，因此真正的愛酒人，會好奇杯中的酒是由什麼農作物釀造而成，並且享受微妙酒香中的風韻與美味。我們實驗室大部分的研究員在畢業時，都會成為像這樣懂得品味的人。

陷入馬格利米酒的魅力

　　只要是酒，我也是不問種類通通都喜歡的人。除了啤酒、燒酒、馬格利米酒外，也喜歡葡萄酒、威士忌、清酒和香檳等。該說我擁有來者不拒的食欲和酒欲嗎？在我還任職於韓國科學技術院時，就已經深陷葡萄酒的魅力，轉職到首爾大學後，又完全陷入了韓國各地特產的馬格利魅力裡。一方面是不捨傳統飲食文化漸漸消失，另一方面，則是因為馬格利的風味會隨著釀造方式而千變萬化，擁有與眾不同的魅力。也就是說，我可以享受選擇的樂趣。

　　自 2011 年開始，韓國國內開始吹起了馬格利熱潮。當時，我從學生時代的指導教授崔英燦（최영찬）那裡久違地獲得一項任務（？）。

　　「文教授，弘益大學附近新開了一間叫『月香』的馬格利酒館，一個剛畢業沒多久的年輕朋友，在那裡專門賣從全國各地蒐集來的馬格利。麻煩你去那邊稍微幫忙一下吧。」

我想，協助馬格利酒館最好的方法，就是時不時去幫忙賣更多酒，於是常把酒館當作隔壁鄰居家一樣串門子。我以復興傳統酒為藉口，又因以酒為友而常常造訪，所以和月香的李予英（이여영）代表自然地產生了交情。面對每次見面總是不停詢問這是哪裡的馬格利、那是哪邊的馬格利、下酒菜是怎麼做的怪大叔，李代表從不曾表現出不耐煩。

　　月香酒館裡販售的是價位偏高的馬格利，要讓各地生產的生馬格利在首爾上市的話，必須以合理的價格銷售，才能讓店面得以持續營運。由於生馬格利的保存溫度只要稍有差錯就容易變質，損壞成本高，價位也就不得不昂貴了。聽說也有習慣喝超市馬格利酒的部分客人，曾經抱怨過這裡的馬格利為何如此貴。

　　總之，月香酒館後來生意興隆，逐漸發展成研發各式各樣餐點的獨特餐飲業者。

馬格利高價賣，葡萄酒便宜賣

月香是在 2011 年開始了葡萄酒吧的生意，後來聽到這段創業軼聞，我覺得很有趣。

有一天，李代表在打烊後，與店內員工一起去了附近的葡萄酒吧，卻發現他桌的客人看起來很眼熟。他們正興高采烈地喝著昂貴的葡萄酒。瞬間，李代表火大了。這不是幾天前走進馬格利酒館，看了酒單後嫌馬格利太貴，接著馬上起身離開的那些客人嗎？於是，這便開啟了李代表經營平價葡萄酒吧之路。「馬格利高價賣，葡萄酒便宜賣」，成為了這間新葡萄酒吧的經營概念。

憑藉李代表優秀的能力，葡萄酒吧的生意也十分順遂。位在弘益大學前的新葡萄酒吧，主要客群為大學生。大學生竟然能把葡萄酒當啤酒喝！為了這些學生客層，店內酒單上滿是一瓶一萬韓圜左右的葡萄酒。這在葡萄酒尚未普及的 10 多年前，可是難以想像的光景。當然，在葡萄酒的故鄉歐洲，葡萄酒並不是富裕階級的專屬品，且在葡萄酒消費普及化的今日，也已經不是什麼怪事了。

然而，平價銷售策略無可避免地成為了兩面刃。有一次李代表私下透露了她的煩惱，不知是否因為太多學生族群光顧的關係，高價的葡萄酒完全賣不出去。學生不會錯過能以平價享用葡萄酒的機會，於是價格偏高的葡萄酒較不受青睞。而且日子一久，來酒吧喝更便宜的燒酒、啤酒的客人甚至變多了，當時弘益大學商圈的特性已開始逐漸成形。葡萄酒吧如果以啤酒、燒酒為主力商品，就會像傳說中徬徨的荷蘭幽靈船般，不斷在茫茫大海中漂流，然後緩緩地沉沒。但話雖如此，也不能盲目地向學生們推銷紅酒。

「教授，您有沒有什麼方法呢？」

當李代表說並不想直接勸客人別喝燒酒、改喝葡萄酒，而且也沒有降價空間時，我的腦中突然靈光一現。雖然必須試了才知道效果，不過解決方法其實相當簡單，甚至幾乎不花錢。

氣氛造就味覺

對現在的大學生來說，這已經是有點久遠的事了，不過在我的大學時代，每逢下雨天，煎餅店前就會有人撐傘排隊候位。人們坐在狹窄的室內緊挨著彼此，一邊吃著煎得金黃的蔥餅、馬鈴薯餅等，一邊搭配馬格利酒，燃燒著他們的青春。

當然，現在的人還是會在雨天吃蔥餅和馬格利，後來炒碼麵也加入了這個行列。總之，重點是每當下雨時，很多人就會想吃特定的食物，由此可以推論出如下主張：

①從外界接收到特定訊息。
　→ 聽見雨聲。
②收到外界特定訊息後的你，聯想到特定事物。
　→ 嘩啦啦的雨聲，令人想起鐵板上煎得滋滋作響的蔥餅。
③為了滿足受到聯想誘發的欲望，於是開始行動。
　→ 呼朋引伴去煎餅店。

下雨天吃蔥餅，心煩就吃炸醬麵，
下雨的星期三就送紅玫瑰……*1

*1 典故源自於 1980 年代韓國流行音樂團體「五根手指」（다섯 손가락）的第
二張專輯中，一首名為「星期三送她玫瑰」的歌曲，歌詞裡出現了「下雨
的星期三想送她玫瑰花」，因此在當時的年輕人間流傳著下雨的星期三，
要以玫瑰表達愛意的說法。

其實，人們在雨天會增加蔥餅和馬格利消費的傾向很值得關注，自從菲利普·科特勒（Philip Kotler）[*2]開始研究商店或餐廳的音樂、燈光、色調和香味等「氛圍因素」後，學界開始對這些因素是否會影響消費者的決定與行動很感興趣。消費者所接收的聽覺、視覺、嗅覺與觸覺等感官刺激，無論是以何種形式，都會影響他們的最後行動。而氛圍則是在不知不覺中擄獲消費者的感性，雖然對消費者無任何強制性，但也正因如此，消費者的排斥感反而低。就以剛才的例子來說好了，綿綿細雨的風景和聲音，作為讓人聯想起蔥餅和馬格利的氛圍因素，一定發揮了某種程度的影響力，然而大部分的人並不會認為自己是因為下雨而去煎餅店。

氛圍因素與主體的一致性，不僅會影響行銷，也會影響消費者的滿意度。俗話說，既然都要花錢了，當然要買最好的。當其他條件相同時，我們通常會在氛圍因素與主體一致時，感到更加滿足。請試著在腦海裡想像一下：某個下著雨的假日在清幽的老店內吃蔥餅，以及在豔陽底下吃蔥餅的畫面，就能夠馬上理解了。

[*2] 美國知名市場行銷學教授。

李代表的煩惱也是同樣道理。我們要嘗試走進人們的心房，站在緊閉的門前敲敲看。叩叩叩。如果門開了，就這麼說：

「我們為您舉辦了一個派對，要不要一起玩呢？」

而且要在對方毫無察覺的狀態下，悄悄地、自然地走進去。

提到葡萄酒就想到什麼？法國！

只要沉浸在容易聯想到葡萄酒的氛圍中，人們自然而然會想喝葡萄酒！我們是在 2013 年冬天時，將驗證這道假設的實驗具體化。Food Biz LAB 的研究員僅打算在視覺、聽覺、觸覺與嗅覺中，運用視覺及聽覺要素來設計實驗，因為打算在實際營業中的商店裡進行，所以必須把條件定在容易控制、花費較少的範圍內。反過來思考的話，就是我們有可能找到很簡單的解決辦法，而且不需要增加太多支出，即可達到提高銷售的效果。

首先，我們詢問數十位年齡未滿 30 歲的男女，假如提到葡萄

酒的話會想到哪個國家。猜猜我們得到什麼結果？答案幾乎一面倒地都是「法國」。這說明為了要提高銷售，店裡必須善用與法國相關的視、聽覺訊號。我們希望來訪的客人點的不是燒酒和啤酒，而是葡萄酒，可是如果對來訪的客人說：「各位，請點葡萄酒，雖然價格有點貴……」這樣的話是無法做生意的。想要避免這種直接的行銷手法，但仍要達到我們的目的，就要讓散發法國風情的事物進入人們的眼睛和耳朵裡，我們是如此計畫的。

我們組成了一個團隊。當時還是實驗室碩士學生的李東旻（이동민）研究員與曹鐘杓（조종표）研究員，以及實習生曹棟宇（조동우），在店面擔任現場對策專家。

我們以播放香頌和擺放繪有法國國旗、艾菲爾鐵塔、乳酪等插畫的餐墊紙等方式，給予聽覺和視覺訊號。原本一片空白，僅在上緣印有店家名稱的餐墊紙，多了簡約的艾菲爾鐵塔、乳酪和法國三色旗圖案，增加的彩色印刷費用不過幾千韓圜而已。此外，不知道哪裡來的「韓國人喜愛的香頌」音樂清單也幫上了忙，即使對韓國人來說大多是陌生的曲子，但是無所謂，反正音樂聽起來確實營造出法式情懷。準備完畢了，究竟客人會不會比先前點更多葡萄酒呢？

利用簡單的視覺刺激，
就可以改變顧客的行為嗎？

實驗同時在兩處場所進行，我們在數間葡萄酒吧分店中，分別將弘大本店與位在大學路上的大學路店設為觀察場所與對照場所，熱鬧的大學商圈環境、相似的主力客群是這兩地的共同點。實驗期間為 4 週，從 11 月的第四週起持續進行到 12 月的第三週止，而聽覺訊號與視覺訊號僅在弘大本店同時使用。

　　我們與店內職員經過了幾次溝通後，終於正式投入實驗。第一週，弘大店裡不斷播放數十首的香頌。第二週，我們在客人入店前，將印有法國象徵物的餐墊紙鋪在所有餐桌上，並留意客人的餐酒上桌前，餐墊紙要避免被遮擋。第三週，所有元素都運用上了。我們透過音響持續播放香頌，客人入座後，就準備繪有艾菲爾鐵塔、乳酪上插著小小法國三色旗圖案的餐墊，擺放在客人眼前。到了最後一週，就回復什麼元素都沒有的原始狀態，如往常一樣在店裡播放流行歌曲，餐墊再度換回空白的樣式。而流行歌則是選用了節拍（BPM，beats per minute）與之前實驗用的香頌類似的歌曲，因為如果音樂節拍變快的話，飲酒的速度也會隨之變快，所以必須控制這項條件。另一方面，作為對照場所的大學路店面，則是連續 4 週都維持不變，保持與過去一貫的營運方式是相當重要的。

實驗期間不斷聽著感性香頌的曹棟宇實習研究員，
最後成為了醫生。

實驗執行日誌

實驗期間	觀察場所（弘大店）		對照場所（大學路店）	
	聽覺訊號	視覺訊號	聽覺訊號	視覺訊號
11 月第四週	香頌	空白餐墊	流行歌	空白餐墊
12 月第一週	流行歌	法國意象	流行歌	空白餐墊
12 月第二週	香頌	法國意象	流行歌	空白餐墊
12 月第三週	流行歌	空白餐墊	流行歌	空白餐墊

上班不去研究室，來去酒吧

　　當時仍是實習生的曹棟宇，每天晚上都到弘大店上班，確認音樂是否播放、餐墊紙是否擺好等等，同時，他也觀察了客人如何做出反應、如何點餐。店面正忙碌時，他也會幫忙清洗客人用過的空酒杯，和店員合作無間。而李東旻研究員與曹鐘杓研究員，也會到弘大店和大學路店確認音樂的音量、餐墊佈置，並查看客人的反應和點餐。為了確實執行研究，曹棟宇從第二週開始就乾脆不去研究室，改去葡萄酒吧上班了。

食戰！數據化的美味行銷
從吃播美食到熱銷趨勢，首爾大學的料理科學團隊創新感官實驗

在生活現場進行的實驗，經常會發生很瑣碎卻嚴重的問題。在實驗中非常重要的是必須維持當下情況與條件的一貫性，但是現場常會出現無法維持完全相同條件的突發狀況，這次也不例外。在客人變多的週末，甚至連店裡聽不見音樂的角落也多擺了桌子，如此一來，影響實驗的變數就增加了。於是，我們只能無奈地排除週末實驗結果，只納入週一到週四的平日銷售業績。不僅如此，隨著聖誕佳節到來，店內職員表示希望能以聖誕歌曲替代香頌，當時街道上已經越來越多地方開始播放聖誕歌了。可是突然改變實驗條件的話，至今的努力都將化為泡影，於是我們只好央求店員務必再等幾週。為了說服店員，萬能的對策專家曹棟宇再次出動；為了清洗和擦拭酒杯，他開始站到流理台前……。4 週過去，實驗將結束之際，迎接我們的不是賀年卡，而是堆積如山的收據。

在正式開始分析前，我們預測了一下當氛圍因素與主體一致時可能會出現的幾種結果。下列的 3 種情況是我們所期待的：

◆ 給予了令人聯想到葡萄酒的聽覺訊號（香頌）時，每桌銷售額中葡萄酒的銷售比率會增加。

◆ 給予了令人聯想到葡萄酒的視覺訊號（繪有法國象徵物的餐墊）時，每桌銷售額中葡萄酒的銷售比率會增加。

◆ 同時給予令人聯想到葡萄酒的聽覺與視覺訊號時，每桌銷
　售額中葡萄酒的銷售比率會大幅增加。

法國香頌能提高銷售量？

　　實際結果如何呢？連歌曲意思都聽不懂的香頌，與艾菲爾鐵
塔、乳酪、三色旗等圖案，真的會影響我們的判斷與決定嗎？
還是這些東西太過瑣碎，根本毫無影響呢？

　　先說結論，答案是有影響的。根據我們的研究結果，店裡播
放香頌的話，顧客點葡萄酒的機率比起未播放時來得高，也就
是說店內播放香頌時，比起播放流行歌，有更多人選擇葡萄酒
而非其他酒類。既然如此，那麼客人接收到視覺刺激時，出現
了什麼結果呢？印上了法國象徵物的餐墊出現在視線範圍的話，
每桌的葡萄酒（或酒類）的支出金額便增加。當一桌的總消費
金額中，葡萄酒或酒類支出增加，那麼就能推論客人選擇較貴
葡萄酒的傾向有升高的趨勢。沒有任何人勸進，顧客們卻點了
比其他酒更高價的葡萄酒。店內與平時不同之處，只有背景音

樂與餐墊上的圖案罷了，客人有可能發覺了這個變化，也可能根本沒發現。不過，數據是這麼說的：顧客若無其事地點了葡萄酒，而且是比平常喝的更貴的酒款，這意味著某種宣傳讓葡萄酒賣出了更多。

在現場觀察了 4 個星期，再和成堆的收據奮鬥後，得到的結論幾乎不脫先前預測的範圍。經過更精準的分析，我們得出葡萄酒店內的視、聽覺元素，確實對客人的購買行為有影響力。簡而言之，播放與店面及氛圍相符的香頌時，葡萄酒的購買率比起播放流行歌時增加了 1.86 倍，而擺放有法國象徵物圖案的餐墊時，每桌的葡萄酒消費金額則增加了 6.2%。此外，我們也得知了每桌葡萄酒消費金額增加的主因，與其說客人多買了幾瓶，應該說是因為他們買了高價葡萄酒的關係。結果，那些看似瑣碎的法國象徵物，幾乎不費吹灰之力，就突破了人們心中那道堅固的消費防線。

我們將此研究結果，發表在最具權威的觀光及飯店領域國際學術期刊之一的《國際飯店管理期刊》（*International Journal of Hospitality Management*）上。以往在國外曾執行過的氛圍因素相關研究，主要是聚焦在與個人購買決定相關的部分。舉例來說，像是針對超市或葡萄酒零售店裡播放的音樂，與購買葡萄

酒的個人之間有何關係的研究。不過，Food Biz LAB 這次研究的特點是，我們將重點聚焦在群體的購買決定上。畢竟酒館與餐廳不同，在決定購買酒類或餐點時，比起個人的決定，群體的決定自然是更重要的。尤其在韓國，比起以杯為單位的消費，更多是以瓶為單位的葡萄酒買賣，如果考量到這點，那麼以群體為基準的購買決定，當然會引起更多關注。

從某種意義來說，我們算是成功地在不知不覺中誘惑了各個組別的顧客。假如有具體的人口統計學數據（每桌顧客年齡、性別等資訊），應該能得出更精準的結果，因此覺得有點可惜。不過考量到現實條件的話，能夠做到這種程度，我們已經能自評此次的研究為成功的產學合作計畫，在日後的研究中必須補強的部分也更加明確了。

「沒想到我們店的名聲也能傳到國外去！而且還是透過 SCI 論文！」

我帶著刊載了店面照片與研究結果的學術期刊來到葡萄酒吧，對此覺得新奇的李代表驚呼道。但畢竟這不是廣告資料而是論文，不會有什麼宣傳效果。店裡正播放著「韓國人喜愛的香頌」，而我們也開心地點了紅酒。

食戰！數據化的美味行銷
從吃播美食到熱銷趨勢，首爾大學的料理科學團隊創新感官實驗

不過，我想說一個我們在論文裡沒強調、卻意外在實驗中發現的事實——在店裡播放香頌時，客人整體的飲酒量也變多了。是因為香頌特有的感性所致嗎？或者這是一種想讓身體注入更多靈魂的反應？其實，考量到韓國國內酒飲的高消費量，我們也許要慶幸香頌的人氣比不上流行歌。當然，我們的研究目的並不是想打造一個勸酒的社會，Food Biz LAB 的目標很明確：致力創造一個樂食、樂飲、樂遊的世界！那天，我們任由身心受到香頌的甜美誘惑，稍微沉醉了一下。後來，在實驗期間每晚都在酒吧擦酒杯、觀察客人、收集數據的曹棟宇，成為了為人治療牙齒、讓世界更幸福的醫生了。

給美食家的祕訣

在餐廳或酒吧盡情吃飯、飲酒的樂趣，是無法以性價比衡量的，但若只是被氣氛沖昏頭，點了自己並不想吃的食物，且最後沒吃完的話，就會造成太多的浪費。此外，有時攝取了過多飲食，對健康也會造成影響，幾乎是等同於失敗。那麼，現在就告訴您一個取勝的方法，其實這也是在賭場不輸錢的祕訣，方法有以下兩種：

一是限制時間，時間一到就馬上起身，頭也不回地離開。以賭場賠率設計的遊戲，時間必定是有利於賭場。他們是這麼設計的：時間過越久，玩家輸錢的機率就越高。因此，只要時間一到，就應該告訴自己：「好，我玩夠了。」然後立刻起身。無論輸贏多少，都必須離開。在餐廳或酒吧也是同理，即便是和朋友同行，也要約定好今天只能相聚到幾點。

另一種方法，就是訂下「我今天在賭場的遊戲預算是多少」，一旦超出預算便不再支出。而且最重要的是，這筆預算不可將贏來的錢包含在內，贏的錢放入其他袋子，今天打算花的錢一用盡就要停止遊戲。在餐廳或酒吧也是一樣，決定好我或我們今天預計的花費後，就不要點超出該金額以上的餐點。食物吃剩了怎麼辦？只要打包帶走即可。很簡單吧？

📖 給商家的祕訣

　　無論餐點再怎麼好吃，用餐環境如果和飲食不相配，客人會感覺好像哪裡怪怪的。營業場所不該播放老闆喜歡的歌曲，而應播放與飲食主題相符的音樂，且必須依據場所的狀況策略性選擇才是。根據德國一項研究指出，只要在葡萄酒吧播放德國音樂，客人就會點更多德國葡萄酒；若一播放法國音樂，他們就會消費更多法國葡萄酒。亦即，音樂對顧客的點餐有很大影響。

　　那麼，什麼樣的音樂會趕走客人，讓他們再也不來光顧？答案是：反覆播放同樣的音樂，讓客人覺得厭煩。我們坐在店裡，偶爾會突然意識到「啊，音樂已經輪播一次了」對吧？最快造成小型商家失敗的原因，就是不斷反覆播放老闆喜歡的音樂。其實不僅是音樂，燈光、明度、濕度與溫度都會大大影響消費和點餐。當然，店裡的味道也相當重要。是的，老闆們必須得好好經營管理。

第 3 章

韓國產啤酒真的不好喝嗎？

Food Biz LAB 的研究主題似乎無邊無際，從時尚的百貨公司食品館，到飄來陣陣香味的鄉下市場，包羅萬象。他們手中掌握了龐大的數據資料，為了要跟上最新網路購物趨勢，於是利用智慧型儀器進行連動，分析消費者的購買行為，甚至還引進智慧系統，投身如何提高養豬戶飼育品質與效率的研究。只要是與吃的有關，無論在哪，Food Biz LAB 都會飛奔過去。

Kacy Kim（布萊恩特大學行銷學系教授）

2012 年，北韓的大同江啤酒在韓國曾一度蔚為話題，因為英國的《經濟學人》記者發布了一篇「韓國啤酒比大同江啤酒更難喝」的報導。

　　針對這則報導的反應，大致可分為兩種：「大同江啤酒有那麼好喝嗎？」以及「韓國產啤酒不就這樣嘛」。2008 年以後，在韓國國內已經禁止販售大同江啤酒，即使想喝也喝不到，因此難以確認其真實性。然而，大眾對於韓國產啤酒的味道一直批評至今，從某種意義上來說，甚至快成了一種成功的標語（？）了。

選出最難喝的啤酒

在這個章節裡要談的 Food Biz LAB 實驗，正是多虧了大同江啤酒才開始的。某天，我們 Food Biz LAB 同仁正在首爾大學後門附近的啤酒屋聚餐。當時我們正和樂融融地喝著啤酒，牆上的電視裡無聲地播放有關南韓啤酒不如北韓大同江啤酒好喝的報導，於是有人開啟了大同江啤酒的話題。正當我們討論那是因為「平壤的水比較清澈啦、是資本主義的失敗啦」這種無趣的言論時，某個人突然提出了「韓國產啤酒真的那麼難喝嗎」的疑問。韓國產啤酒真的不好喝嗎？其實不需要苦惱太久，只要試著點其他種類的啤酒喝喝看就知道了。

於是我們就當作好玩，在現場進行啤酒盲測（blind tasting），點了好幾種韓國產品牌與外國品牌的啤酒，閉眼品嚐後，每個人各選出一種最不好喝的。假如那位英國記者所言不假，那麼我們所選出來最難喝的啤酒一定會是韓國產。大家猜猜結果如何呢？

我們可以確定的是，自己並不如預期般擅長區分啤酒的味道。試著盲測後發現，韓國產啤酒的口味其實沒那麼差。當然，那

食戰！數據化的美味行銷
從吃播美食到熱銷趨勢，首爾大學的料理科學團隊創新感官實驗

次實驗的玩笑成分居多，並非嚴格地進行測試，且先前也已喝了太多啤酒，我們有必要進行更正式的實驗。

我們能區分出幾種啤酒的味道？

Food Biz LAB 每逢星期五，都會在首爾大學農業生命科學院常綠館 8 樓的會議室裡，舉行實驗研討會。除了研究生外，還有校內、校外的教授們參加，我們一同訂定研究主題、檢視過程，也就是說現場有十幾位 20 歲以上的成人每週聚集在此，這當中必然有愛酒人士，正好具備了最適合進行實驗的條件。某一天，在取得了與會成員的諒解後（其實根本不需要請求他們諒解，大家都自發地參與實驗，表現出充分的共識），我們將 5 種來自國內外的拉格啤酒一一擺出來，告知大家品牌後，讓他們各嚐一點所有的啤酒。每個人都知道自己正在喝哪個牌子的啤酒，而我們也沒忘記叮嚀：「希望大家盡可能在試喝時牢記啤酒的味道。」

這句話沒有任何言外之意，完全就是字面上說的——請記住

每種啤酒的味道。我們相信飲酒經驗越多的人將越容易猜對。接著，我們再次把5種啤酒各倒一些在杯中，這次沒公開品牌，提供給他們的順序也是隨機的，知道哪個杯中裝了哪款啤酒的人，只有少數幾位執行實驗的研究員而已。

所有人必須猜猜看第二次試喝的各款啤酒品牌，他們能夠準確辨別出啤酒的味道嗎？參加者露出了各種表情，有人驚訝、有人苦惱，也有人自信滿滿。如果是各位讀者的話，覺得自己能夠區分出5種啤酒裡的幾種味道呢？全部嗎？或者半數？還是僅能辨認出一、兩種呢？

測試結果令人訝異。自居愛酒之人的參與者中，幾乎沒人能正確辨別出啤酒的味道，大部分人甚至連2種都猜不到。假如考量到矇對的可能性，那麼真正區別出味道的比率就更低了。所有人中，僅有一個人5種品牌都猜對。原以為這是很理所當然的事，卻反而成為例外的狀況。

參加測驗的人全都大受衝擊，難道是在各種拉格啤酒間，較難準確地區分出味道嗎？

我們訪問了受試者，發現了一個有趣的事實——參加實驗的人大多在盲測時，以為最好喝的啤酒是自己平常喜好的品牌

食戰！數據化的美味行銷
從吃播美食到熱銷趨勢，首爾大學的料理科學團隊創新感官實驗

簡單的盲測是能夠
炒熱酒席氣氛的趣味遊戲。
直到很會猜的人因為太愛裝懂
而開始吵架。

（多數是進口啤酒），並認為最不好喝的啤酒大多是韓國產的。Food Biz LAB 的實驗便是這樣開始的，在經歷這次衝擊性的結果後，我們正式出動，開始研究！

味覺是主觀的

不曉得各位讀者有沒有聽過這個故事？新羅時代的僧人元曉為了得到更深的啟悟，於是出發前往大唐求學。太陽下山後，睡在墳墓旁的元曉因為口渴而開始找水，正好旁邊有涼水，於是他就一口氣喝掉，然後試著再次入睡。等到天亮時一看，才赫然發現那清涼的水竟是從骨骸流出的屍水。元曉此時領悟到，真理不應向外求，而是要往內探尋，因此放棄了入唐求學之路，後來成為傑出的本土派高僧，聲名遠播。有趣的是，元曉覺得骨骸裡的水真的很好喝。他在口渴時，因為昏暗的視線，誤將屍水當成了乾淨的水喝下去，那水也正如他所期待般地好喝，直到他在天亮時看清了身邊的骨骸之後。

人類是以舌頭與鼻子感受味道的。舌頭的味蕾感受到鹹味、

甜味、苦味、酸味與鮮味的同時，鼻子則是感受到氣味，這行為的結果就構成所謂的「味道」。但是，我們真的只用了舌與鼻去感受味道嗎？嚴格來說並非如此。點綴在麵條上的配料，就不是為了舌或鼻，而是為了眼睛的視覺享受。「好看的年糕，吃起來也香」，祖先偉大的感官測試結果，不就藉著俗諺傳承至今嗎？高級餐廳菜單上的菜名長到難以唸出口，以及把餅乾放進嘴裡，咀嚼時發出的卡滋卡滋聲響也是基於同樣的道理，這些都能讓食物嚐起來更美味。

從過去至今，持續有人研究能夠影響人對味覺評價的因素。結論是，我們對味道的評價受到各種因素影響。美國食品學者阿曼·卡德洛（Armand Cardello）表示，飲食是味道、氣味、質地與視覺等各種感官刺激的集合物，而人類會經過文化、社會、心理和生理等多重因素相互作用後，對飲食做出反應。我們在品評味道時，這些綜合因素會各自發揮其影響力。

英國記者的大同江啤酒與南韓啤酒相關報導，將有關韓國產啤酒的輿論與消費者評價，導向更負面的方向，彷彿大家等待能一吐對韓國產啤酒不滿的這刻等了很久。隨著韓國人越來越常出國旅遊、各種進口啤酒開始在韓國銷售後，韓國產啤酒不好喝的認知便廣為流傳。而喜歡韓國產啤酒的人，有時會被視

作是不懂啤酒的人。但是，味道其實是很主觀的，我認為美味的食物，也許對別人來說並不合胃口；我吃起來覺得甜滋滋的馬卡龍，對他人來說可能是死甜、膩口的一塊糖。

批評韓國產啤酒不好喝的輿論與其味道

　　儘管實驗不是太嚴謹，但經過幾回合測試後，我們能推論人並不是單純憑味道來判斷哪種啤酒好喝。換句話說，我們推定人對啤酒味道的評價，會受到來自外部環境的輿論、品牌和經驗等的影響。試想，那些批評韓國產啤酒難喝的輿論，會不會是導致韓國產啤酒嚐起來更不好喝的因素呢？我們決定要驗證這一點。最簡單的方法，就是透過盲測這種感官實驗，去了解大家選出的美味啤酒究竟是什麼味道。

　　實驗是這樣進行的。首先，召集實驗受試者。接著，以大學生為主要目標族群，假借新款啤酒即將上市，要預做市場調查為由，請受試者喝喝看快上市的啤酒樣本。事實上，這些樣本都是已在韓國上市的數款國產啤酒與進口啤酒。在參與者喝

完後，我們會詢問幾個問題。以首爾大學學生們為對象，我們一一篩選提出申請的人，最終選出通過條件的 226 位。甄選條件是參加者必須有每週喝一罐（330 毫升）以上啤酒的習慣，而且喝了一罐後不會醉。當然，大部分 20 多歲的參與者其實常常把啤酒當成水喝。

我們將所有人分成兩邊後，再細分為大約每 15 人為一單位的小組。每邊分別以不同的兩種方式，進行 3 天的實驗。為方便起見，我們分為實驗一與實驗二。實驗一的受試者在第一輪試飲時，我們不公開啤酒品牌，讓他們進行 5 種啤酒的盲測感官實驗。然後進行第二輪試飲時，我們在 5 種啤酒上貼品牌標籤，請受試者確認後再進行感官實驗。實驗二則與實驗一相同，在第一輪試飲時進行了盲測感官實驗，但到了第二輪試飲時，改成以隨機貼上 5 款品牌標籤的假品牌樣本進行感官實驗。為了盡可能不讓飲用啤酒的順序影響到實驗結果，每群受試者都照特定規則，各按不同的順序以杯子盛裝啤酒。

這兩種不同的實驗，是為了印證品牌會影響人對啤酒味道的評價。在知道了品牌後喝啤酒，與不知道品牌就喝下啤酒的兩種情況下，人很有可能會做出矛盾的評價。要是最後真的出現了上述結果，受試者在得知後會怎麼樣呢？有可能會以合理的

方式修正自己的矛盾。

　　我們在實驗室裡設置的ㄇ字形大桌上擺了隔板，這是為了防止參加者間互相交流的裝置。以隔板隔開的每個座位，擺有裝了5種不同啤酒的杯子。5種不同的啤酒，是根據韓國國內銷售排行，選出3種韓國產、2種進口啤酒，而且這5種全是喜愛啤酒的人應該都喝過的拉格啤酒。參加者要喝的啤酒量雖然僅300毫升左右，但假如只是含在嘴裡即可辨認，就不需要喝下去，所以為了方便他們將啤酒吐出來，每個座位上都準備了桶子。參加者在嚐過5種啤酒後，記下最好喝與最不好喝的啤酒即可。

　　受試者入座後，穿著白袍的研究員進入了實驗室，針對實驗進行相關說明。

　　「各位好，我是韓國酒飲開發研究院的專任研究員金娜英。我們今天是受到某間公司委託，針對即將上市的啤酒實施事前的市場反應調查。現在，大家的面前擺了5種啤酒樣本，我們將依據今天的結果選出要上市的啤酒。麻煩各位寫下誠實的評價。」

　　這當然是謊話。這位研究員是為了實驗而僱用的臨時演員，演員的所屬單位、姓名等設定都是虛構的。為了營造讓參加者認真面對實驗的氛圍而聘僱的這位演員，眾望所歸地展現了精

湛的演技後，便暫時離開了感官實驗室。

參加者在第一輪試飲時記下他們偏好的啤酒，隔 10 分鐘後再進行第二輪試飲。接著，身穿白袍的演員又再度登場，補充說明這次是為了掌握消費者對競爭產品的喜好度而進行的調查，並提供受試者 5 款已貼上競爭公司標籤的啤酒。事實上，受試者面前擺的啤酒，與先前試飲的 5 種啤酒相同，但是沒有人起疑。完成第二輪試飲後，我們將問卷回收，上面記有參加者在競爭產品中最喜歡與最不喜歡的啤酒，然後實驗就此結束。

實驗完畢後，我們向參加者說明這次實驗的真正目的，稱為「事後簡報」（debriefing）。實驗參與者假如事先知道實驗目的，有可能會改變平時的行為去順應實驗，因此，有時候並不會表明原本的目的，而是借另一個不相干的名目來進行實驗。然而，在實驗結束後明確地揭示真正目的為何，是做研究的倫理。

我們向參與者說明，他們所試喝的其實並非新產品原型，而是目前市面上販售的啤酒中，在銷售量排行上佔第一、二、三名的韓國產啤酒，以及第一、二名的進口啤酒。此外，他們原本以為在第一輪與第二輪中分別喝到了不同啤酒，但其實都是相同的品牌。同時，我們也承諾之後會以電子郵件分享出爐的

研究結果，也確實遵守了這個約定。雖然所有參與者都一臉覺得自己上了當，但幸好無人抗議，大部分的人彷彿是出遊到一半，突然被媽媽叫回家去一般，露出失望的表情。老實說，我們提供的啤酒量確實有點少。以此方式進行了 3 天實驗後所得的結果，究竟是不是和我們最初設立的假設相同？現在要來公開結果了。

我們為了驗證人在品評韓國產啤酒與進口啤酒時，除了受到風味影響，也會受到外部因素，即品牌的影響而進行了這場實驗。在以兩種方式進行的實驗中，都使用了相同的 3 種韓國產啤酒與 2 種進口啤酒。第一輪試飲的盲測感官實驗結束後，繼續在第二輪試飲進行了公開啤酒品牌的測試，依據實驗組別，參與者所試喝的啤酒與實際的品牌可能為一致（實驗一），也有可能是隨機貼上的（實驗二）。

總結實驗結果，就是受試者在評價啤酒風味時，品牌確實有影響力。不對，更準確地說，應該是啤酒為韓國產與否對評價有很大的影響。總共 226 位參與者，在單純憑味道判斷喜好度的盲測感官實驗中，回答最喜歡 3 種韓國產啤酒的人有 160 位（70.8%），而回答最喜歡進口啤酒的人僅 66 位（29.2%）。然而，在得知品牌後才試飲的測驗中，回答最喜歡韓國產啤酒的

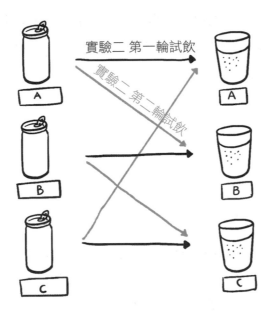

現在只要 Food Biz LAB 公開募集實驗受試者，
就有越來越多人以「他們又要玩什麼花招？」
的困惑眼神打量我們，真令人擔心。
看來實驗室研究員應該要接受一下演技訓練了。

受試者降至 107 位，回答最喜歡進口啤酒的人則是 119 位，增加了約莫兩倍。特別是在告知假品牌的測試中，參與者反映出的評價落差也幾乎相同。換句話說，只要在 5 種啤酒的任一款上貼了韓國產啤酒的品牌標籤，回答不好喝的受試者就會增加；但若貼上進口品牌標籤，尤其是歐洲的某牌啤酒標籤，回答好喝的人便會明顯上升。

單憑感官無法滿足顧客

以前法國哲學家笛卡爾，曾主張我們的感覺並不是可信的。進行這個實驗的原因，並不是為了強調透過我們的感覺和味道所做出的判斷不正確或不可信；重要的不是感覺會隨著狀況改變，而是受到何種因素影響導致感覺變化不定。

我們來試著回想一下 Food Biz LAB 進行這個實驗的初衷吧！韓國產啤酒真的不好喝嗎？這才是核心，廣告行銷和輿論的影響即反映於此。人並不是單憑鼻子和舌頭感受，而是同時運用經驗與各種資訊、學習與記憶等，對味道進行綜合判斷。人在

經過這種綜合判斷後認為不好吃，那麼實際上嚐起來就是不好吃。在感官盲測實驗中較受好評的韓國產啤酒，單就其結果來說雖然有意義，但是誰會閉上眼睛吃飯或喝飲料呢？實際上大家都是睜大眼睛確認了品牌後才喝下去，而我們對味道的評價便在此刻形成。意即，單純在感官層次上，製作出風味絕佳的食物和飲料是無法滿足顧客的，廣告行銷必須做得好才行，這就是我們 Food Biz LAB 存在的理由。發掘飲食的價值，並以有效的方式和外界溝通相當重要。

以不好喝的啤酒來說，韓國啤酒其實意外賣得很好。香港人對飲食是出了名的挑剔，但某個韓國產啤酒品牌，從 2000 年代以來就一直高居香港市佔率第一名。韓國產啤酒在亞洲、中東與歐洲的外銷趨勢，無論是出貨量或銷售額皆是年年創新高。不好喝的啤酒竟能創下這般奇蹟似的成績，我們不禁要懷疑外國人的飲酒品味了。儘管味道看似是一種以非常主觀的標準所定義的喜好，但其實又不全然是依據我們內在的條件而定。透過舌與鼻形成的第一階段感受，會與飲食中蘊含的故事、歷史、品牌、文化，以及社會環境、輿論和期待心理等眾多因素混合後，再進入我們的口中。我們便是如此品嚐各種食物的。

為了避免引起誤會，必須謹慎地說明一下，這則故事並不是

想說服那些覺得韓國產啤酒不好喝的人，要他們認同韓國產啤酒。不管怎麼說，評斷味道的人畢竟還是自己。只是，站在一個無論韓國產啤酒、進口啤酒都愛的人的立場來看，針對韓國產啤酒來勢洶洶的批評，似乎有些過頭了。儘管韓國產啤酒不好喝的負面評價是透過輿論擴散、再生，不過消費者很迅速地就接受了這種負面印象也是事實。然而，會產生這種印象其實是有原因的，保守推測，會不會是因為隨著各種進口啤酒開始大量上市，大眾對於幾乎全是大同小異的韓國產拉格啤酒感到厭倦，然後轉化為批判的形式擴散開來呢？

　進行有關啤酒味道的實驗已是 8 年前的事了，過去僅由少數幾間啤酒巨頭獨佔的韓國酒類市場，已開始在這些年吹起一陣新旋風。不僅是進口啤酒，形形色色的韓國精釀啤酒也正遍地開花。

給美食家的祕訣

　　人在感受、品評食物味道時，不只是運用了五感而已。過去的經驗與記憶、成見，以及品牌形象等都有影響。如同先前實驗中所得知的，即使喝了完全相同的啤酒，只要一說是韓國產啤酒，大家就認為不好喝，但假如說這是進口啤酒，反而會認為好喝。也許你覺得很奇怪，不過人對味道評價的本能就是如此。

 ## 給商家的祕訣

　　請為產品或菜單添加好的故事吧！如此一來，客人即使吃了和以前完全相同的食物，也能吃得更津津有味。在菜單上將「番茄醬炒雞肉」描述成「烤至金黃色的鮮嫩雞肉，搭配由番茄、紅蔥和山上現採香菇製成的鮮美醬汁」的話，客人會感覺更加美味。「炒碼麵疙瘩」也是，如果寫成「白玉般的麵疙瘩，搭配辣呼呼的炒碼湯頭」，想像起來會更具體，令人垂涎欲滴。而品牌也是一樣，不覺得光是在名稱前加上「古早味」，就足以讓客人覺得更好吃嗎？假如把「香菇肉絲冬粉」形容成「與春季蔬菜和香氣撲鼻的香菇一起拌炒的冬粉」，聽起來更好吃；再更具體地描述為「與春季蔬菜和香氣撲鼻的香菇一起拌炒的古早味冬粉」的話，美味將更上一層，你說是不是呢？

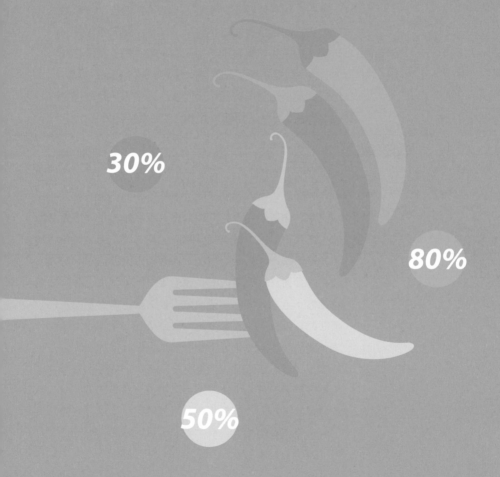

30%

80%

50%

第 4 章

淳昌，美味與健康的絕妙搭配

為了達成樂食、樂飲、樂遊的這項目標，透過人與飲食、市場等主題，互相指導和進步，實現了「教學相長」的場所，正是我所體驗過的 Food Biz LAB，我也會持續期待未來與他們的研究交流。我是 Food Biz LAB 復仇者聯盟的美國分部熱血粉絲！

Kacy Kim（布萊恩特大學行銷學系教授）

韓國人只要聽到「淳昌」這個地名，腦海中自然會浮現辣椒醬。從這點來看，淳昌辣椒醬確實鞏固了口碑，但這對當地郡民來說也是另一種煩惱，因為淳昌除了辣椒醬以外還有很多物產，卻都未能受到關注。舉例來說，淳昌的藍莓、番茄、楤木、寬葉韭、梅子和拓樹等蔬菜也很有名。在特有的由「市場」為中心發展出的飲食文化影響之下，淳昌自然而然成為了健康長壽的聚落，但是很少人注意到這件事。

位在淳昌的醬類研究所與健康長壽研究所，是淳昌郡為了研究當地的優良農產品與醬料文化，究竟是如何讓人維持健康長壽而設立的機關，他們努力研究出的成果被命名為「淳昌健康長壽食譜」。淳昌健康長壽研究所與幾所大學的食品營養科共同開發出的這份食譜，是選用了在淳昌栽種、收穫的環境友善農作物，讓現代人能吃得健康的食譜。這雖然是結合了地方特產與食品健康資訊的成果，卻因為偏向「資訊性知識」的型態，而未受到太多關注。於是，淳昌健康長壽研究所向 Food Biz LAB 提議，希望能將這份食譜結合「故事」，從新的觀點出發，再次嘗試推廣。我欣然答應了他們的提案，啟程前往淳昌。

與健康長壽有關的故事

　　「淳昌計畫」的目標是「以淳昌的健康長壽形象為基礎，為食譜增添故事性」。為此，我們從淳昌農產品與知名食譜、世居於此地古厝之氏族的飲食文化，還有歷史悠久的在地餐館等，進行了多方面的調查。

然而，將健康長壽歸因於「飲食效能」時必須特別留意。例如，若以「聽說食用楤木可以長壽」作為說明的話，那就成了藥材而非食物了，這時關於淳昌楤木的豐富故事將變得多餘。畢竟，頭痛藥哪需要什麼故事？飲食不僅僅是為了生理需求而攝取的東西，假如省略了與飲食相關的文化背景，那不過就是工廠量產的食品罷了。因此，比起和身體有關的效用，我們更著重於「健康長壽的形象」與「享用地方生產的健康食材」等層面。

　　「瑞英啊，你是這個計畫最好的人選了，你的主修是新聞傳播學，所以淳昌飲食有關的故事由你來寫正好，加上這個案子免不了要吃很多東西，你來做剛好，很適合。我會幫你找實習生，替你組一個4人團隊，你就以計畫主持人的身分去淳昌。當然我也會下去啦……」

　　「教授，交給我吧。我對寫故事和吃東西都很有信心！」

　　就這樣，我們組織了一個以黃瑞英（황서영）研究員為首的團隊，出發前往淳昌。讀到這裡為止，可能有人會說：「什麼啊，就是悠閒地一邊吃美食一邊工作啊，真好命！」然而這並非事實。第一餐的時候，雖然會因為能吃美食而覺得幸福（而且也

「竟然可以悠閒地一邊吃美食一邊工作，真好命！」
請先試試看一次吃 88 間餐車的食物再說這句話吧。

不是每次都能吃到美食），但接下來就是吃不盡的苦頭了。以前審查首爾市夜貓子夜市的餐車時，必須花半天時間吃遍88間餐車，也曾為了採訪烤肉店，一天之內就吃了六餐烤五花肉。這程度應該足以稱為「極限職業」了吧？

聽了就能感受到淳昌的故事

為了在淳昌蒐集當地的飲食資料，我們平均每天必須吃五餐，而且大部分都是韓定食！儘管過程艱辛，所幸在淳昌我們認識了飲食與文化緊密融合在一起的生動故事，獲得了珍貴無比的經驗。關於淳昌餐廳「三好花園」的故事也是其中之一，就讓我們來看看這則故事吧。

老家在全州的丈夫與淳昌出身的妻子定居在淳昌的柿子園，他們從1995年開始經營的三好花園，招牌料理是添加了刺楸與拓樹的清燉雞。湯頭加入了能在淳昌山區輕易取得的拓樹，飄散獨特的香氣，不僅能去除雞肉的腥味，用來熬粥也很好喝。更特別的是，得到全州婆婆手藝真傳的老闆娘，會將古早味鄉

土料理以小菜的形式端上桌。此外,也因為主人堅持避免使用市場上賣的現成食物,三好花園的各式小菜,都是他們以真心誠意親手製作的極品。

三好花園會隨著季節不同,供應選用當季蔬果製成的美味小菜,像是使用山上直採的楤木嫩芽和蔬菜煎成的楤木煎餅和醃柿子。醃柿子是趁著柿子成熟之前摘下,加入鹽巴、燒酒,在炕頭上放個兩、三天去除澀味後製成。另外,也有把鹽漬生黃瓜浸泡在自製辣椒醬裡 6 個月製成的醃黃瓜。

店主夫婦詳盡地告訴我們有關放在清燉雞裡的拓樹的故事。拓樹是在冬季採收、經乾燥後再使用,假如不在冬天採收,燉煮時外皮會剝落,藥效因而降低,湯也會因此變得混濁。此外,拓樹樹枝帶刺,燉煮入菜時必須顧慮到這點,小心地烹調。拓樹果實因為散發特有的濃烈香氣,通常無法輕易食用,果實一般是磨碎吃,也可以結凍後於夏日直接生食。(後略)

說到三好花園,就不得不提與雞有關的故事。在下著大雨的某天,正一起試吃的我們,開始針對雞肉口感展開熱烈討論:一邊認為土雞有彈性的肉質好吃,另一邊則主張土雞肉韌到讓人咬得下巴痛。關於雞的肉質其實沒有正解,三好花園所使用

的雞是他們自行在山上飼養的，即所謂的土雞，與市面上雞肉料理所使用的肉雞不同。又名「爆米花雞」的肉雞，是在吃了飼料後，就像爆米花瞬間爆發般快速成長的雞，因此和土雞比起來較無嚼勁，我們在都市常吃的炸雞大部分都是這種爆米花雞做成的。追求軟嫩肉質的都市人，是否因為下頜越來越退化，所以忘了品嚐土雞味道與韌性的樂趣了呢？

糙米瘦身法可行嗎？

正當我們進行「淳昌美食紀行」（？）計畫，因吃得太飽、體重增加而受苦時，參與另一項 Food Biz LAB 計畫的成員正飽受飢餓之苦，那是被稱為「糙米瘦身法」的計畫！

現在將時間倒轉回兩個月之前吧！在我們正試著發掘與淳昌相關的故事時，農林畜產食品部的人員聯絡了我們。當時農林畜產食品部因為韓國國民的食米量銳減而頭疼不已，部門相關人員在過去一年裡，不斷苦思「該怎麼做民眾才能像以前一樣多吃米食」的課題。和過去相較，韓國人減少食用米飯的原因

有很多，但其中最主要的是因為他們相信「吃碳水化合物會變胖」。證明「其實吃飯不會讓人變胖！」——這就是 Food Biz LAB 獲指派的另一項任務。

「吃飯不會變胖。」

這句話明顯有誤。吃了東西怎麼可能不變胖呢？因此，我們說服農林畜產食品部改變研究方向，必須將原本要向消費者傳達的訊息，從「吃飯不會變胖」改為「吃糙米比起吃碾製過的白米或麵粉製品更不易發胖」，才得以建立能用科學方法驗證的假說。一度遲疑的部門相關人員，在決定加入我們實驗室的延世大學賽布蘭斯醫院安哲宇（안철우）教授的共同勸說下，最後終於接受了提議。

查詢既有研究結果後可以得知，在攝取碳水化合物時，糙米或全麥的升醣指數（GI）比起精製過的麵粉還要更低。這代表比起白米或一般麵粉製品，食用糙米時血糖升高的程度較少，所吸收的碳水化合物也減低。而且糙米的膳食纖維能預防便祕、幫助排出體內有害物質等，有助於瘦身。不僅如此，糙米的糠層與胚芽內，富含能預防動脈硬化和老化的亞麻油酸（linoleic acid）、延緩細胞老化的維他命 B1 與維他命 E，對營養失衡的

瘦身者來說是令人感恩的必要穀物。

經過一番調查後，可發現比起白米、白麵粉，糙米對於體重與體脂率增加的影響較小，因此對瘦身有益。接下來，只要透過實驗去證明即可，我們實驗方法如下：

參加實驗的人員分成兩組，一邊是攝取糙米和全麥麵包，另一邊則是白米飯和白麵包，最後再比較兩者的瘦身成效。首先，為了要減重，就必須限制他們所攝取的熱量。而且重要的是，為了讓實驗能有效執行，提供給所有受試者的食物必須維持等量。假如在打通電話即可訂炸雞、步行 3 分鐘就有便利商店的首爾或大城市進行的話，應該很難抗拒酒精和宵夜的誘惑。

這時，我們看中了已經和 Food Biz LAB 開始進行淳昌食譜相關計畫的健康長壽研究所。位在剛泉山半山腰處的淳昌健康長壽研究所擁有絕佳的設施，能在此運動，空氣也十分清新，是最適合做實驗的場所。這裡也具備了住宿設施，更重要的是，附近沒有任何販賣飲食的地方。除了鄰近山區裡有香菇外，沒有其他東西可以吃。在共宿實驗開始時，我們騙參加者夜晚有蛇出沒，囑咐他們別進入山區。當然，我們也不會讓人餓到必須採香菇吃。

於是我們立刻見了研究所的所長，向他說明了實驗目的，結果所長不僅願意出借設施，更積極表示要共同參與研究。此外，所長也決定將先前我們已調查一段時間的淳昌健康長壽食譜，以訂定了熱量上限的調理餐形式提供給實驗計畫，我們等於是獲得了千軍的援助。

　　不過，還是有個問題：要讓實驗受試者合宿一週的話，除了瘦身計畫外，實驗期間還必須加入滿滿的活動才行。如同在軍隊裡一樣，令官兵們原地不動，他們反而會更辛苦。這就是為什麼在軍隊裡，常要提著鏟子做些掘山、搬運的差事。若要確實執行實驗，就不能讓參與者感到無趣，必須安排對瘦身有實質助益的活動。Food Biz LAB 是飲食相關研究的專家，但不擅長瘦身研究，於是我們找上了韓國瘦身產業的領導者 Juvis。能令體脂肪聞風喪膽的「瘦身大師」曹成璟（조성경）代表，在聽完我們說明緣由後，也欣然同意參與實驗。就這樣，連 Juvis 肥胖研究所的研究團隊，也迅速投入了淳昌糙米瘦身計畫中，肥胖研究所甚至無償供應由 Juvis 生產的糙米製瘦身食品。Food Biz LAB 又得到了如萬馬般的支援，聯軍就此組織完畢。我們懷抱糙米，對頭號敵人——「肥胖」展開進擊！

連電視台都出動的瘦身計畫

Food Biz LAB 在整個實驗中擔任企劃與執行的角色，延世大學賽布蘭斯醫院內分泌科的安哲宇教授團隊，則是負責分析血液及賀爾蒙，而 Juvis 肥胖研究所負責建立瘦身計畫。最後，淳昌健康長壽研究所負責提供設施，並以淳昌健康長壽食譜為基礎，設計出瘦身食譜。由首爾大學 Food Biz LAB、延世大學賽布蘭斯醫院、Juvis 肥胖研究所與淳昌健康長壽研究所四者共同執行的計畫，就此正式啟動。在實驗過程中，KBS 電視台節目《生老病死之謎》的製作單位也進行了採訪，於是格局瞬間又擴大了數十倍。我們已無退路，一個不留神可能就會犯下大錯！

「曉瑛啊，你應該是這個糙米瘦身研究的最佳人選了，因為做這工作必須很細心，要準備的事也很多，派給你正好！而且實驗的設計和執行很重要，我們實驗室裡最擅長這個的不就是你嘛！你正好啦，就是你。我會幫你找實習生，替你組一個 4 人團隊，你就以計畫主持人的身分去淳昌，但也要一起參加瘦身計畫喔。總不能只讓受試者減肥，我們自己卻大吃大喝吧，是不是？曉瑛啊，你不要用那種懷疑的眼神看我啦。喔，當然啊，我也會一起參加。」

於是，原本完全沒打算瘦身的徐曉瑛（서소영）研究員，突然間就與 3 名實習生加入了瘦身計畫，並立即著手設計實驗。

4 個組織一合流，接下來的工作就得以速戰速決、一氣呵成了。我們在網路上公開招募實驗受試者，取大致相等的男女比例，年齡層則設在 20 歲以上至 60 歲。有許多人透過各大學的討論區、臉書和 KBS 官方網站上張貼的公告提出申請，我們將沒有特殊疾病，但體重過重或肥胖的健康（？）受試者分為兩組。最後，參加的人有 16 位男性、23 位女性，一共 39 位。他們必須在往後的一星期裡共宿，體驗受控管的飲食與規律的瘦身計畫，每天早晨和夜晚必須確認體重變化，實驗期間也要回答 3 次關於排便狀況的問卷。

無論如何，畢竟實驗著眼點在於「糙米瘦身效果的驗證」，因此規劃食譜就顯得很重要。我們將全體受試者分為 A 組與 B 組，基本上是提供兩者一模一樣的飲食。但是為了區別碳水化合物的攝取，我們主要提供 A 組糙米、給 B 組白麵粉製的麵包。早餐供應的是根據淳昌健康長壽研究所的健康食譜製作的餐點，而且也只在碳水化合物的部分有差異，A 組吃的是糙米飯，B 組吃的是白米飯。我們讓實驗受試者在早餐攝取大約 500 卡路里，午餐與晚餐則是供應 600 卡路里給男性、400 卡路里給女性。我

們的目的並非讓他們挨餓，而是要供應他們嚴格控管熱量的瘦身飲食。

實驗進行得很順利，雖然我們也曾擔心過受試者會不會對受管控的生活不滿，跑到山另一頭的村子吃些好吃的再回來。白天時，Juvis的瘦身專家就指導受試者做些有助於瘦身的運動（主要是鍛鍊平時用不到的肌肉），不斷提供諮商、規劃有趣的活動。如果希望減重變得輕鬆一點，就要保持忙碌、樂在其中，淳昌的糙米瘦身計畫便是如此，直到登山途中有人用力踢了蜂箱。瞬時，發怒的蜂群都飛了出來，又好巧不巧地螫中了對蜂毒過敏的受試者。那位受試者為了接受治療，不得已只好退出實驗，而另一位受試者則是表示自己再也堅持不下去了，選擇中途放棄，除此之外，其餘的 37 位皆順利參與到最後。

糙米瘦身法的結果是？

我們每天晚上都會調查受試者的體重減了多少、排便狀況如何、是否便祕、心情如何等。從結果來看，可以得知攝取了糙

2016 年大自然療癒減重營簡介

1. 參加對象：BMI 值 25 以上之韓國成年男女 40 多名
2. 活動期間：2016. 7. 11 ～ 7. 18（8 天 7 夜）

日期	行程	地點
2016. 7. 11（一） 上午 8 點 30 分	集合暨入營前健康檢查（含血液與賀爾蒙檢測）	江南賽布蘭斯醫院中講堂（新館 3 樓）
2016. 7. 11（一） ～ 7.18（一）	進行減重營計畫 （8 天 7 夜）	淳昌健康長壽研究所
2016. 7. 18（一） 下午 2 點結束	完成最終健康檢查後解散	江南賽布蘭斯醫院

3. 營隊介紹
　　本次由首爾大學 Food Biz LAB 與江南賽布蘭斯醫院、Juvis 肥胖研究所、KBS《生老病死之謎》與淳昌健康長壽研究所共同辦理的減重營，是一個讓人卸下日復一日的生活壓力，來到全羅北道淳昌的大自然中，擺脫壓力與體脂肪的減重營。
　　在活動進行的一週裡，本營隊將提供參加者：

① 與營養專家共同開發的飲食調整菜單。
② 簡單易學，每天在家都能輕鬆做的運動祕訣。
③ 有趣的休閒娛樂與各種體驗課程。

　　此外，專業瘦身顧問公司 Juvis 的飲食與健康相關專家所提供的健康諮詢，將協助您在營隊結束後，仍可持續健康地瘦身。

排便情況調查

McMillan & Williams（1989）的排便障礙評價量表（3分量表）

1. 腹部有發脹、鼓鼓的感覺

① 完全不同意	② 有點同意	③ 非常同意

2. 排氣量變多了

① 完全不同意	② 有點同意	③ 非常同意

3. 解便次數減少了

① 完全不同意	② 有點同意	③ 非常同意

4. 排便時，糞便上有血

① 完全不同意	② 有點同意	③ 非常同意

5. 直腸感覺很沉、充滿糞便

① 完全不同意	② 有點同意	③ 非常同意

6. 排便時很費力、疼痛

① 完全不同意	② 有點同意	③ 非常同意

7. 排便量很少

① 完全不同意	② 有點同意	③ 非常同意

8. 大便不易排出

① 完全不同意	② 有點同意	③ 非常同意

* 檢測時間：營隊第一天（2016.7.11）、營隊期間（2016.7.14）、營隊最後一天（2016.7.17）

米這種非精製碳水化合物的 A 組，其瘦身效果比起食用精製碳水化合物的 B 組來得更好的事實。而 A 組也保持了相對較佳的健康狀態。即使在這一週裡，他們分別攝取了相等的卡路里與食量，兩組的成果卻不同。另外，個別受試者間也有差異，甚至有實驗前、後體重一點也沒變的人，這是因為基礎代謝率低的緣故。當然，餓著肚子運動也能瘦下來，但這並不是能長久持續的瘦身方式。瘦身時重要的是能夠持續運動、提高基礎代謝率，達到能夠瘦得下來的狀態，所以運動相當重要。

在這一星期間，Food Biz LAB 的研究員大都在淳昌度過。由黃瑞英研究員帶領的淳昌健康長壽食譜故事小組，每天要吃五餐，每晚回到住處就抱怨他們吃得太飽了，而徐曉瑛研究員與淳昌糙米瘦身小組則是飽受飢餓之苦。那我呢？我只是面帶邪惡的笑容，觀望著每晚聚在住處，羨慕、憎恨對方的這兩組人馬罷了。

糙米瘦身實驗結束後，延世大學賽布蘭斯醫院的安哲宇教授團隊所進行的血液檢查及賀爾蒙變化分析，也再次驗證了糙米驚人的效果。飯後能令人感到飽足的 PYY 賀爾蒙，在 A 組受試者體內保持平穩狀態；相反地，攝取白米和麵粉的 B 組卻呈現減少的結果。另外，能促進食欲的飢餓素賀爾蒙，在 A 組中出

現了減少的傾向。意即，如果食用糙米會較不易感到飢餓，食欲也會降低。實踐這項採用糙米核心膳食的瘦身計畫，不只是有助於瘦身而已，還能改善導致代謝症候群的胰島素阻抗，維持食欲的賀爾蒙（飢餓素）與飽足感賀爾蒙 PYY 間的平衡，而且對於膽固醇代謝有正面影響，有益於血管健康。

新課題：如何融合美味與健康

同時在淳昌進行的兩項計畫，多虧了研究員與實驗受試者的努力，最終圓滿落幕了。首先，我們將受到淳昌健康長壽研究所委託而進行的健康食譜計畫，編成名為「健康飯桌的食譜故事」手冊。包含先前介紹的三好花園槐木蕎麥捲與槐木香菇煎餅，總共仔細介紹了 35 種與在地餐館有關的菜單、從以前流傳下來的飲食和地方故事，也一併介紹了淳昌的農產品與其效用。而糙米瘦身計畫的成果，則是在同一年於 KBS 電視台的《生老病死之謎》節目中播出，其中一部分也在韓國食品營養學會的學術大會上發表。

我獨自走在中庸之道。

此外，糙米瘦身計畫又給了我們一項課題。糙米分成只脫去粗糠的糙米，另外還有兩分、四分、五分、七分和九分米，數字越大則越近似於白米，十分米則稱為「完全米」。僅脫去稻殼的一分糙米，一般認為口感比起白米較難以下嚥。這時，可試著從九分米開始嘗試，再進階到七分米，如果適應了口感，則推薦可以吃吃看數字更小的糙米。於是，從這裡延伸出的新課題是，我們要開發出讓糙米變得更容易食用的食譜。除了可尋求專家協助，打造便於現代人食用的食譜，也能在糙米中混入白米，降低其粗糙的口感，有多種方式可行。如果將此成果與淳昌健康食譜、有益身體的季節蔬菜結合，不正是美味與健康的完美協奏，一箭雙鵰的夢幻收穫嗎？

我在淳昌的第一天，先到說故事小組湊熱鬧，吃飽喝足後，再加入瘦身小組減肥。等到完成了在淳昌的所有調查和研究時，我的體重竟減輕 2.5 公斤，所以非常高興。說故事達人黃瑞英研究員在 Food Biz LAB 修畢碩士學位後，成為了某食品期刊的記者。而食品攝取相關實驗的專家徐曉瑛研究員，則在畢業後進入國內某大企業擔任品牌經理。

給美食家的祕訣

　　最近大眾對於瘦身很有興趣，但是對於瘦身相
關的認知有個最大的誤解，就是相信「吃了某種
食物可以減肥」——這是不可能的事。無論如何，
必須節食才能瘦下來，別被誇大不實的廣告騙了。
此外，如果未均衡攝取脂肪、蛋白質和碳水化合
物，而是以極端的比例控制飲食，即使短時間內
可達到減重成效，但只要中斷飲食控制，體重就
會立刻恢復原狀。有許多醫學見解顯示，假如長
期採取這種飲食控制的方式，將為健康帶來相當
負面的結果。

　　瘦身最確實的方式為減少飲食攝取量，但是維持
飽足感對於瘦身非常重要，假如是在挨餓的狀態
下瘦身，無論生理或心理都會很辛苦。大致上來
說，富含膳食纖維的食品，皆有助於維持飽足感。
根據 Food Biz LAB 與 Juvis 肥胖研究所的共同研
究結果，只要三餐規律，而且早餐、午餐和晚餐
攝取量的落差別太大，將對減重有很大的幫助。

給商家的祕訣

　　老實說，你們也很清楚根本沒有哪種食物是多
吃就能幫助瘦身的，對吧？請別再進行誇大不實
的廣告了。

第 5 章

走！去找我們的土雞！

自從創立食品科技新創公司後，我對韓國傳統事物開始有了濃厚興趣。我們公司以輸出加工過的韓國食材為主，例如素食泡菜調味料這類的食材，也研發如順天苦菜、寧越辣椒粉等地方特產。除了提高商品的品質以外，我們也致力於設計出呈現韓國傳統特色的食品包裝，並為商品增添具有風采的故事。而文正薰教授與 Food Biz LAB，正是我們在這方面的可靠戰友。

　　　　　　　　　　　安太漾（안태양）（Food Culture Lab 代表）

在過去的歲月裡，主導韓國食品行銷的用語有兩個，也就是「藥食同源」與「身土不二」。[*3] 吃這個對腰部很好，吃那個可以壯陽，這種眾說紛紜的「藥食同源」行銷手法，是將飲食看作藥材，引導大家把焦點聚集在飲食的藥效，而非其豐富的價值。因此，消費者所接收的訊息只限於生產者爭相廣告的食品藥效，對於藥效不佳的飲食，他們甚至連選擇權都沒有。將飲食簡化到只剩藥效的藥食同源行銷手段，抹煞了飲食所蘊含的故事與歷史，最終導致飲食文化的荒蕪。畢竟買頭痛藥時，我們只重視藥效與價格不是嗎？

[*3] 在韓國文化中代表「身體與土地實為一體，並非分別存在，在我們生活的土地上產出的農作物，就是最適合我們體質的食物」之意，是用來提倡食用本土農產品的口號。

此外，我們也必須檢視「身土不二」這種行銷手法。強調「國產貨比較好」的身土不二說法，事實上並無科學根據。一味地以國產農作物和食材較好的說辭向人推銷，已近乎是一種政治宣傳了。這可說是以前國產品的品質與價格等各種條件尚難以與進口農作物競爭時，為了讓消費者對國產作物產生情感連結的一種政策產物。雖然此手法一度擔當了阻擋外國農產品威脅的屏障，但現在是否應該超越這種觀點呢？

難不成我們吃香蕉、喝咖啡時，一定要感到內疚嗎？在主張身土不二的同時，我們又怎能輸出國產的農作物呢？中國消費者如果吃的不是中國農產品，而是韓國農產品的話，總不可能因為吃的不是國產食物就生病或暈倒吧？

以韓國古典（？）行銷手法作為起頭的原因，是因為這次故事的主題——土雞，正是藥食同源與身土不二概念的代表。人們吃土雞時，常稱之為養生補品，而且對於土雞也有「我們的雞對身體更好」的印象。然而，如果反過來思考，萬一土雞不僅沒有「療效」，且「本土品種」也不具有價值的話，我們還會對土雞如此有興趣嗎？（或者該說，我們會有任何興趣嗎？）現在要說的故事，正是 Food Biz LAB 對此提出的回應，也是提醒大家對土雞至少該抱有一點責任心與情感的叮嚀。

育種主權受損害，遺傳多樣性消逝

　　在日據時期，進入朝鮮半島的不是只有日本人而已，他們也帶來了雞隻與豬隻，這些家畜是比韓國更早對外開放港口的日本所畜養的西方品種。西方人藉由成熟的育種技術，將家畜改良為肉量豐富、繁殖量多的品種，而被引進朝鮮半島的雞、豬隻就屬於此類。

　　當時，有數種的雞隻生活在朝鮮半島，但是在引進外來品種後，土雞便因為生產效率較差而受到冷落、取代。在畜牧業持續擴張的近代，原本飼養在家裡的家畜反倒成了商業化過程的阻礙。無論餵牠們再多飼料，也長不出更多肉，以牠們攝取的食量來說，成長速度相對緩慢。如果花費相同的時間與金錢，能獲得更優越的成果，你認為畜牧業者會如何選擇呢？於是，大多數的畜牧業者最終捨棄了土雞，引進了從日本來的改良品種。與此同時，擁有豐富遺傳特性的雞，也在朝鮮半島消失了。

　　生產效率佳的雞存活下來、土雞消失，為什麼會成為問題呢？因為違背身土不二的概念？不是這樣的。主要有兩個問題，首先我們必須透過國際育種公司來看看現今養雞業的全貌。在高

度產業化的今日，雞被塑造成類似於商品的存在，韓國國內養雞場所飼育的雞隻品種，是國際育種公司以現代育種技術創造出的產物。假如牧場以這些雞隻生下的蛋孵育出小雞，再將小雞養大，是屬於侵犯智慧財產權的行為。可想而知，這間公司必然獨佔了韓國國內的畜牧業市場。儘管如此，畜牧業者卻依然飼養這些雞的原因無非只有一個──因為牠們生長迅速。

　　濟州現存的濟州島原生種「舊嚴土雞」，即使飼養了一年，重量也才勉強超過 1 公斤而已。反觀國際育種公司製造的高生產率雞種，只需要 20 天就能達到 1 公斤重。飼料吃得少卻長得很快，畜牧業者自然沒有拒絕的道理。

　　這是為了降低生產成本，只追求高生產力品種的養雞業黑暗現實。於是，韓國國內的農民能夠選擇各種品種的權利遭到剝奪，而養雞業者的實質收益則流向了國際育種公司。雖然這樣的可能性微乎其微，但萬一國際育種公司哪天威脅不再提供韓國雛雞呢？那麼韓國人從隔天起就吃不到炸雞了。這就是失去了育種主權會面臨的狀況。沒有選擇權，對韓國人來說是件不幸的事。

第二個問題，是對遺傳多樣性的損害。無法保存多樣化品種的另一層擔憂是，在環境急遽變化、各種疾病發生的狀況下，有可能面臨必須眼睜睜看著這些只有高生產力優勢的雞一隻隻倒下，卻束手無策的局面。現在我們選擇養殖的大部分家畜與作物品種，都是以擁有利於繁殖的基因為目標進行育種。假如一面倒地對高生產力的品種孤注一擲，當類似禽流感等意外狀況發生時，韓國的雞隻可能會全軍覆沒。所以，確保各種品種的雞能共存，留下多樣的遺傳因子是很重要的。讓長久以來已經適應了朝鮮半島地形與氣候的土雞基因，能夠為了日後的進化而保留在基因庫中，是件具有重大意義的事。光是現在所提出的兩個問題，就足以說明我們必須關注土雞的理由了。

難以飼養的土雞

然而，實際情況並不樂觀。最重要的原因正如前述，土雞相較於那些專為養雞業打造的改良品種更難飼養。現今韓國市面上販賣的雞隻，外觀與我們所認知的雞有很大差異。用來製成

一般肉雞（左邊）的大腿與胸部較大，
腳和翅膀較短，
而韓國的土雞（右邊）則是四肢修長，
大腿和胸部較單薄，看起來甚至不像同一種鳥類。

炸雞的肉雞，也就是肉用雞，是以快速生長為目的而培育的品種，由於牠們是飼料轉換率極佳的品種間雜交所生，因此飼養大約 30 天即可供食用。原本一般的雞是無法如此迅速成長的，土雞必須飼養約兩個半月，才能成長到相似的體型。

此外，業者會依據大眾的偏好，將肉雞受歡迎的部位養得特別大，像是雞胸會特別「豐滿」，雞腳短小、雞腿厚實。如此極致的效率，可稱之為現代育種技術的結晶。反觀韓國的土雞，不僅骨頭粗壯、體型高大許多，而且腳很長，胸部扁平。如果將土雞的毛拔光與肉雞比較的話，兩種雞實際上的差異大到令人懷疑不是同類動物。重要的是，土雞因為生長速度緩慢，所以養雞場不願意飼養，韓國所生產的雞中，土雞所佔比重還不到 5%。

復育本土雞吧！

於是，Food Biz LAB 就被賦予了名為「復育本土雞吧！」的任務。韓國數一數二的畜產領域教授們，負責土雞相關的育種

與飼養，而我們則負責土雞的宣傳與行銷。這項研究透過國家研究開發事業的「黃金種子計畫」獲得了補助，以土雞的復育、保種，向更多消費者推廣土雞、促進消費為目標。

　　讓我們稍微回顧一下歷史。使韓國深陷危機的 1997 年亞洲金融風暴，也讓育種相關產業留下嚴重的後遺症。當時有許多國內企業破產，優質企業被賣到國外，而國內的育種公司在這樣的趨勢下也失去了自主性。一些海外企業收購了韓國的育種公司，再關閉這些公司，並將他們原有的種苗歸為己有。而堪稱是韓國象徵物的青陽辣椒，也是在此時落入外國手裡，現在是登錄在拜耳公司旗下的孟山都底下的品種。因此，每當我們在大醬湯裡放入切碎的青陽辣椒，種苗的使用費便流入外國企業的口袋裡。

　　從此以後，韓國幾乎不存在本土品種的事實，已經超越了一般企業的層次，升級至國家智慧財產權的危機問題了。很晚才意識到嚴重性的農林畜產食品部與農村振興廳，為了發掘韓國本土遺傳資源，在 2009 年開始籌劃、2013 年成立了這個「黃金種子計畫」。包含土雞在內的牲畜，以及蔬菜、果樹、穀物等，找出仍現存於韓國各領域的遺傳資源後，進行分析與復育，再進一步將之產業化，即為此計畫的成立宗旨。這項工作的第一

階段在 2016 年完成，而第二階段於 2017 年開始啟動，Food Biz LAB 就在此時加入了土雞復育計畫。

土雞復育計畫的各項作業中，有一項叫做「保種」的工作。從現存的品種中，先確認保有本土遺傳性狀的品種，接著進行該品種的維護工作，即稱作「保種」。假如保種未確實執行，在繁衍幾個世代後，有可能不會再出現相同的遺傳特性，那麼便無法將該品種稱為一個明確的「品種」了。正因如此，保種作業十分關鍵。而後續作業則需要以「管理學」的角度來著手。

有關土雞研究的歷史，必須追溯到很久遠的過去。

日據時期與產業化的過程中遭到遺忘的土雞，再次受到矚目的時間點是 1988 年之際。當時專攻畜產領域的各大學院校教授與研究人員在討論席間，提出了「為何我國有韓牛，卻沒有土雞？」的疑問。那正是海外進口的改良肉雞掌握了韓國市場，而土雞幾乎已瀕臨絕種的狀況了。研究人員懷抱著復育土雞的決心，組織了團隊，這就是土雞復育計畫的起點。

可是，土雞復育計畫才剛起步就遭遇到困難。團隊成員中，沒有人知道土雞長怎樣，該去哪才能見到土雞。就在此時，有人提出了絕妙的點子——只要看看以前的民畫，就能認識過去

在這片土地生活的土雞的祖先了。這麼說似乎挺有道理，畢竟民畫在朝鮮社會廣為流傳。當時只要是兩班子弟，人人都想走上仕途，所以兩班家的兒子房裡常掛有雞的圖畫，可能是要兒子看著公雞的「雞冠」，*4 好好奮發向上的意思？總之，在調查了所有畫有雞的民畫後，發現類似的圖案大約有 3、4 種。研究團隊將這些圖案作為線索，開始在大韓民國各地遊蕩、尋覓，只為了找出與民畫中朝鮮時代的雞長得相似的雞隻。

與民畫中土雞相似的雞，大多數是在江原道山區的農家和濟州島上發現的。該說是因為這些與外界隔絕的島嶼和山區，守住了過往的痕跡嗎？組員們將好不容易遇見的土雞後代聚集在一起，然後立即著手進行復育工作。經過數年的交配後，研究團隊在 2008 年時，因為復育了包含烏骨雞在內的 5 種土雞而嚐到了成功的喜悅。

然而，比不見蹤影的土雞更慘的悲劇正在前頭等著他們——那就是席捲全世界的禽流感風暴。當時已復育的土雞品種，保留在位於忠清南道的成歡，附屬在農村振興廳底下的畜產科學

*4 韓語的「雞冠」與「官職」互為諧音。

院的研究機構裡。然而，禽流感在朝鮮半島南部現蹤，感染地區逐漸往北部擴張，儘管研究團隊為了保護復育的土雞品種無所不用其極，雞隻最終仍感染了禽流感。令人遺憾的是，這些好不容易找回來的土雞，全數遭到撲殺了。這件事不只讓當時參與計畫的組員，也讓那些對土雞懷抱期望的所有人，留下了無法抹滅的傷痛。

發掘引人入勝的土雞故事

　　雖然我們找到了土雞品種，進行了復育和保種，但如果生產者不願飼養也沒有用。要如何推廣土雞呢？以往政府常會轉告生產者、向他們推廣，不過現在距離那個「下指導棋」的時代已經很遠了。那該怎麼做才好呢？可以先從管理學概念中的拉引行銷（pull marketing）策略著手。我們不去說服生產者飼養土雞，而是說服消費者購買。先詳盡地告訴消費者土雞的價值，讓他們想要吃土雞。「我想要吃土雞！」、「土雞啊，你在哪？」一旦消費者開始尋找土雞，生產者自然會飼養、販賣土雞。

我們的土雞幸運地度過了絕種危機，
但未來會變得怎樣？
諷刺的是，為了防止絕種，
我們必須吃更多才行。

食戰！數據化的美味行銷
從吃播美食到熱銷趨勢，首爾大學的料理科學團隊創新感官實驗

沒錯，Food Biz LAB 正是朝這個方向前進。如此一來，就必須提供消費者有吸引力的商品，必須說出能讓他們感受到土雞魅力的故事。所以我們對畜產研究團隊宣示，我們要開發能誘惑消費者的土雞魅力商品，我們要創造有關土雞的有趣內容。畜產研究團隊也認為這種方式很新鮮而表示支持。

法國的土雞

　　首先我們參考了國外的案例，打算了解一下眾多國家中，在土雞的保育和推廣上做得最好的地方是哪裡，結果發現正是法國。而令人意外的是，和韓國同樣愛吃炸雞的美國完全沒有土雞；歐洲部分國家雖然也有土雞，但市佔率超過 20% 的地方很少見，只有法國與眾不同。

　　法國人對公雞（le coq）的愛戴獨樹一格，牠甚至是足以代表法國的象徵，這層情感讓法國許多地區得以保存各種雞隻的遺傳特性，而知名大廚們的土雞料理與餐廳也獲得穩固的支持。我們想了解法國人是如何守護土雞，在這段過程中廚師又扮演

什麼樣的角色。俗話說打鐵要趁熱，於是 Food Biz LAB 決定直接拜訪法國。我們是走向世界的 Food Biz LAB！

在 2017 年炎熱的夏季，我們抵達了法國，造訪位在阿爾薩斯、布雷斯與德龍地區的土雞飼養業者、市場和餐廳等，說明了我們想了解土雞的來意後，他們感到很新奇，於是充滿熱忱地為我們解說。在法國各地都能看見許多人為了保護土雞、守護其價值而團結合作的文化。

法國整體雞肉消費市場的三分之二為一般肉雞，其餘的三分之一就是由土雞佔據。在已開發國家中，食用最多土雞的國家正是法國。說到土雞時，我們通常只會想到在戶外跑跳的雞，事實上，土雞的品種本身就與肉雞不同。話雖如此，卻也不代表品種差異是土雞的唯一特點。剛才談的都是韓國的狀況，在法國與日本，品種特性與代表著土雞成長過程的「環境因素」，也被視為土雞的重要特色與價值。因此，即便是土雞，若只是在一般雞舍裡飼養長大的雞隻，仍然不能被認證為土雞。

土雞在法國叫做「poulet fermier」，「poulet」是雞的意思，而「fermier」則是農場，直譯的話便是「農場雞」。光是從名字就反映出必須在大自然中盡情跑跳、吃著穀物青草，才能成

為土雞的法國傳統。實際造訪農場，也看到了很多雞隻在寬廣草原上的樹蔭底下悠哉歇息。此外，雞舍也與一般養雞場不同，他們貼心地為雞群規劃了舒適的空間，稻草堆得很高，讓雞隻能到處活蹦亂跳。

儘管阿爾薩斯、布雷斯與德龍等地的土雞品種不一樣，法規也稍有差異，但不變的是，一旦過了雛雞階段後，白天必須放雞隻到戶外活動，確保牠們擁有能吃到穀物、青草的環境。更重要的是必須長時間飼養，最少應飼養 80 天以上，牠們才能具有成為「poulet fermier」的資格。

和現場人員交流時發現最有趣的一點，是扮演土雞業者與消費者間溝通橋樑的主廚們。法國政府老早就洞悉了現在能讓消費者動心的不是生產者而是廚師，因此積極地利用主廚推廣。從法國土雞的代表性地區布雷斯的布雷斯家禽產業委員會（Comité Interprofessionnel de la Volaille de Bresse）會長，是由很久之前就獲得米其林指南肯定的名廚喬治·布朗（Georges Blanc）擔任這點，即可獲得印證。喬治·布朗以土雞研發了食譜，並經營供應該土雞料理的餐廳，向全世界宣傳布雷斯的土雞。最後，布雷斯土雞無論在自尊心競爭激烈的法國市場，甚或在全球市場上，都成了交易價格最昂貴的雞。

在喬治‧布朗之前，還有另一位主廚也是「土雞推廣者」，那就是保羅‧博庫斯（Paul Bocuse）。以他的名字命名的餐廳自從在 1964 年獲得米其林指南三星評價後，遂成為象徵正統法國料理的世界頂級餐廳之一。保羅‧博庫斯是最先在菜單上使用「布雷斯土雞」名稱的主廚，在海外也享有盛名的他，親自料理布雷斯土雞，對外宣揚法國的食材與傳統料理。他在 2018 年以 92 歲高齡逝世後，喬治‧布朗便成了下一位布雷斯土雞的守護者。

主廚在布雷斯土雞這樣的宣傳與行銷中，扮演著核心角色。位於布雷斯周邊的社區，也會舉辦選出每年品質最佳土雞的品評大會「布雷斯之光」（Les Glorieuses de Bresse），同心協力配合主廚們的努力。我和布雷斯的土雞業者們聊了很多，在對話間感受到了他們對保羅‧博庫斯與喬治‧布朗的尊敬。

主廚與生產者的合作，明顯地提高了法國土雞的價值。擁有傳奇名聲的主廚們肩負起責任，為了推廣家鄉食材而付出的努力，令人留下了深刻印象。嚐過主廚們土雞料理的消費者，在購買食材時會捨棄便宜的一般肉雞，選擇購買飼養期更久的在地土雞，如此一來，就會有更多生產者投入土雞飼養。這才能稱得上是最成熟的拉引行銷案例。

與韓國主廚一起做土雞料理

結束法國觀摩行程後，我們接觸了幾位可能對這項計畫有興趣的主廚，後來和在韓國展示了創新廚藝的柳太奐（류태환）主廚合作，在他的餐廳 Ryunique 裡研發各種土雞料理。我們會持續努力，直到料理正式亮相為止。

另外，我們也和韓國專門料理餐廳合作，將使用土雞烹調成的各種料理，放上季節特選菜單，又與鴨肉公司茶香聯手，在超市推出真空包裝的土雞肉排商品。雖然目前尚未獲得熱烈迴響，但我們依然持續向消費者推廣土雞的價值。此外，我們更打算開發去骨加工過的碳烤用土雞肉，供烤肉店作為特色燒烤菜單。

傳遞土雞價值的媒體內容

假如將所有品種的雞全都看作同樣的「日用品」，未來將只

剩下「反正每種雞都差不多」的認知，使得生產者比起苦思「如何飼養出更好的雞」，會把心力放在「如何降低養雞成本」上。久而久之，生產者將深陷必須不斷節省成本的壓力，把雞當成工業產品般對待。如果只顧著拚命把雞養大後盡快「交貨」，最終能生存下來的將只剩大規模的農場與大型家禽屠宰場。為了要打破這種以單一原理運作的規模經濟結構，我們正努力地向消費者介紹截然不同的土雞價值。

現在，我們正著手製作向消費者介紹各種土雞價值的媒體內容，如果造訪入口網站 Naver 上的頻道《Todak Todak 食堂》（tv.naver.com/gspchicken），可以看到各種土雞料理教學影片。另外，在 YouTube 上搜尋「偉大的雞達人」（위대한 계鷄발자）的話，也可以觀賞由 Food Biz LAB 和歷史頻道製作的土雞相關影片。希望大家能多多收看，了解雞隻並非全都是同一個模樣。對了，我還曾因拎著土雞出現在 MBC 電視台綜藝節目《My Little Television》的「炸雞篇」，而在電視台引起一陣騷動，在網路上搜尋照片就可以看到。

給美食家的祕訣

很多人認為土雞肉口感勁韌，其實不然。那麼，批評土雞肉質勁韌的偏見是如何形成的呢？仔細想想，這和以土雞入菜的料理特性有關。土雞大部分是以清燉方式烹調，通常都經過長時間的熬煮。如此一來，雞胸肉的水分與香氣會流失殆盡，口感也變得乾韌。假如想吃到鮮嫩的土雞該怎麼做呢？

燉土雞時，先稍微汆燙後撈起，再將骨、肉分離。雞肉只要煮熟，就能輕易去除骨頭。接著，將肉暫時存放一邊，再將分離出的骨頭放回去熬透。以土雞骨頭熬出來的就是高湯，當高湯分量足夠時，就把先前撈起的雞肉夾回湯裡，再稍微煮一陣子即可享用。過程雖然有點繁瑣，但湯頭會更濃郁，且肉質不知有多細嫩。唯一可惜之處，是必須放棄拿著雞腿啃的樂趣。正所謂有得必有失，下一次不妨試著選擇口感鮮嫩的雞肉吧！

給商家的祕訣

其實,像烤牛排般將土雞烤來吃也很美味,如果以炭火烤就更好吃了。然而對消費者來說,很難親自買隻新鮮的雞回家自行去骨、烤來享用。烤五花肉店的副食中銷量最好的一項就是牛腩,假如把燒烤用的土雞肉也加入菜單的話會如何呢?很多人其實不太喜歡吃五花肉,但公司聚餐時還是會被拖去烤肉店,那是不是會因此有更多人想點爽口、香噴噴,肉質富有彈性的烤土雞來吃呢?

30%

80%

50%

第 6 章

為食用色素辯駁

在我創業的頭兩年，只研究了泡菜調味料這項產品，結果研究到後來，連味道的差異都辨別不出來了，而且因為太專注於解決問題，所以一點進展也沒有。此時，對趨勢變化十分敏銳的 Food Biz LAB，提議可以針對 3 種成分與比例稍有不同的泡菜調味料進行盲測。找藉著當時測試後所獲得的意見和解決方案，終於催生了現在橫掃許多國際食品博覽會大獎的泡菜調味料。

安太漾（Food Culture Lab 代表）

所有上班族每天都要思考，卻無法痛快解決的大事是什麼呢？就是選擇當天午餐的菜色。羅湜晨（나식신）也是從上班途中就開始煩惱當天的午餐。到了當日午餐時間，他與同事們一邊苦惱該吃什麼，一邊走了出去。這時，正好注意到了新開幕的餐廳，於是滿懷期待地走進店家，可能是時間尚早的關係，羅湜晨一行人是店內唯一的一組客人。餐廳裡瀰漫著刺激食欲的麻辣香氣，這下更加飢腸轆轆的羅湜晨，搶先翻開了菜單，但是他看著看著，原本滿滿的食欲卻消退了一大半。為什麼呢？

蕞爾小國荷蘭的龐大農產業

我們先暫時擱置羅湜晨的故事，將視線轉向那個充滿鬱金香與風車，還有穿著橘色球衣的足球選手全力展開攻防的國家——荷蘭。薄霧瀰漫的阿姆斯特丹與永恆的畫家文森·梵谷的國家，我們所熟知的荷蘭，是世界知名的高品質農作物輸出國。攤開地圖看看，夾在德、法兩大國之間的蕞爾之國荷蘭，是全世界排名僅次於美國的農產品輸出國，這事實乍聽之下令人難以理解。

位於阿姆斯特丹東南邊海爾德蘭省的瓦赫寧恩市，是人口不到 4 萬人的寧靜小城，卻有農業與食品領域的最佳學府瓦赫寧恩大學，以及各種研究所、企業在此落腳，形成了「糧食谷」。如果聽說過矽谷，但對糧食谷這個名字很陌生的話，希望大家現在開始能記得它。因為荷蘭之所以能夠傲視天下，成為世界農業強國的原因，正是多虧了這個地區。

這是我們在糧食谷拜訪代表性的 NIZO 食品研究所（以下簡稱 NIZO 食研所）時的經歷。NIZO 食研所是接受世界各國頂尖食品公司委託，開發美味又健康的食品之處。我們去拜訪的當

天，正好有幾項重要的實驗正在進行，很幸運地，我們能夠在他們訓練感官專門小組判別食物味道的過程中，得到參與一項相關實驗的機會。

這液體究竟是什麼？

實驗內容如下：桌子前方坐了一排候選小組成員，而桌上擺了像是鮮奶油，但質地有點稀的紅色液體與藍色液體。也許有些讀者會想起《駭客任務》中，吃了藍色藥丸後就可以相信任何你想相信的事，而吃了紅色藥丸便會得知世界真相的橋段，不過這個實驗的目的，其實是讓受試者試喝紅色液體後，猜猜看那是什麼氣味。

我也喝了一口塑膠杯裡的紅色液體，從它的味道與滑順口感，可以馬上推知這液體是優格。不過重點是它的香氣。這縈繞在嘴裡的香氣是什麼？分明覺得很熟悉，但不確定是什麼香氣。感覺就像是我在路上巧遇了一位舊識，卻怎麼都想不起對方名字般地鬱悶。在場約 15 位的小組候選成員，也全都表現出類似

草莓？葡萄？

食戰！數據化的美味行銷
從吃播美食到熱銷趨勢，首爾大學的料理科學團隊創新感官實驗

的焦慮。我知道這是什麼。我真的知道。我說我真的知道！再等一下！

這時有位金髮的女性說道：「草莓？」她的聲音彷彿是在無意間脫口而出般毫無自信。負責實驗的科學家，面帶微笑地向金髮女子搖了搖頭，像是在感謝她示範了錯誤解答。接著，另一位女性喊了「覆盆子！」但結果依然不變。看看她的表情多麼失望，這氣氛似乎讓大家的表情都變得更嚴肅了，內心的勝負欲蠢蠢欲動。

我又喝了一口紅色液體，果然，是一種熟悉的香氣。沒錯，這香氣就是那個香氣，明明覺得是那個氣味，卻怎麼也想不起來是什麼。當時，腦中閃過一個想法：這其中有障眼法。於是我閉上眼睛，再度喝了一口。閉上眼時，我試著回想一下以前體驗過這香氣的時間點，將重點從這是「什麼」，轉向了「在什麼情況下」。過了不久，我知道這杯液體的真面目了。記憶中，某次喝沛綠雅氣泡水的時候，曾經感受過這股香氣。接著我睜開眼睛，安靜地舉起手來。科學家看著我，做出了要我說來聽聽的表情。

「這是不是萊姆的香氣？」

那位科學家微微地笑了。

「很接近正確答案了，但很可惜還是不對。大家喝的紅色液體是檸檬香的飲料。」

不過，我的答案仍然是 15 位小組候選人中最接近正確解答的一個。

色澤與味道引發的混亂

在 NIZO 食研所進行的這個實驗，目的是為了觀察當我們攝取食物時接收到的視覺訊息，與口鼻所接收到的味覺、嗅覺訊息不一致時，所發生的混淆現象。這不一致的情況是如何發生的呢？來想像一下吧。眼前有一杯紅色飲料，你認為飲料會帶有什麼香氣呢？正確答案：草莓香。那麼，如果有一杯橙色的飲料呢？橘子香。如果是紫色飲料的話？葡萄香。說到這，應該能猜到我們想談的是什麼了吧。

人透過長久以來的經驗與學習，發展出預測特定的顏色會具有特定味道或效果的傾向。然而，假如結果和先前預測的不同，就會產生混亂。美國心理學者約翰‧雷利‧司楚卜（John Ridley Stroop）透過實驗揭露了人類的這種習性，並命名為「司楚卜效應」。如果「黑色」兩字是以「黑色」寫下的話，在認知上將不會有障礙，但是當「黑色」兩字是以「紅色」寫下時，人在正確理解出這兩個字意義的過程中便會遇上阻礙。我們自然而然地透過經驗或學習所獲得的資訊，如果在傳遞過程中變形，那在正確辨識出這項資訊以前，就會產生混亂，認知時間也會延遲。

在 NIZO 食研所進行的實驗之目標，正是以這套理論為基礎去研究我們的習性。參加者即便喝了檸檬香的飲料，卻因為受到紅色的視覺訊息影響，而無法輕易辨別出氣味。它確實是熟悉的香氣，但令人感到混淆，這就是為什麼我要暫時閉上眼睛的理由。因為口鼻與眼睛無法協調一致，產生了衝突。為了解決問題，我採取了阻斷干擾的方式──阻絕視覺訊息。然後將思緒專注在香氣本身，回想以前是在什麼情形下感受到這種香氣，「香氣」這才露出了「香氣」本身的面貌。

味道與香氣不同

　　在這裡順便談談為何在標記食品時，我們不說草莓「味」或蘋果「味」，而是說草莓「香」、蘋果「香」的原因。因為從嚴格的定義來說，味道與香氣確實不同。人的舌頭能夠辨別的所有味道為甜味、鹹味、苦味、酸味、鮮味這 5 種（不過近來又發現了金屬味、濃郁味等新的味覺），那麼我們感受到的草莓味、蘋果味、葡萄味本身又是什麼？事實上，蘋果味、草莓味、葡萄味並不存在，正確來說必須稱之為蘋果香、草莓香和葡萄香。其實，直接從外部進入鼻腔的氣味並不多，在口腔咀嚼時，食物組織遭到破壞，裡頭複雜的香味物質會從口腔後方進入到上方的鼻腔，然後才感受到香氣，這比起從外部感受到的氣味更強烈。於是，我們不把香氣稱為香氣，反而會把香氣認知成味道。我們所認知的味道，其實很多並非透過舌頭感受的味覺，而是藉由鼻子所感受到的香。如果感冒後嗅覺失靈了，吃洋蔥時也可能會誤以為是吃了蘋果。也許你認為這是在開玩笑，但這是事實。味道與香氣雖然有點類似，實際上卻是完全不同的概念。

人的眼睛比嘴更快嚐到食物

　　我們在日常生活中並不會一邊區分「味道」與「香氣」的差異，一邊享用食物。我們沒有必要勉強將前述的嚴謹分類，機械式地應用在生活當中。為了方便起見，本文中也會將香氣指稱為味道，只是希望讀者能夠了解，我們平常慣稱的「味道」，它的屬性其實受到許多因素影響，而這些因素中也包含了視覺因素。正如同前述實驗所呈現的結果，在某種意義上，我們甚至可以說眼睛會比嘴巴更快吃到食物。

　　NIZO 食研所進行的前述實驗是感官實驗，說到「感官」，不知為何很多人會聯想到性的方面去。這個用語和那個用語（？）的漢字雖然相同，但在學術界具有另一種嚴謹的意義。在學術界裡，以感覺器官的反應為主題的實驗，即稱作感官實驗，也就是與味、色、香、觸覺等有關的測試。像是吃餅乾時會發出悅耳的聲音、手抓取物品時感受到的重量與質感等等，這些為了以工程學觀點做研究而進行的實驗，也包含在感官實驗的範疇。Food Biz LAB 也常進行類似的實驗，我們也曾像 NIZO 食研所一樣，為了了解視覺訊息對味道有何影響而做過感官實驗。

根據大韓商工會議所於 2013 年，以 500 名家庭主婦為對象所
進行的「食品安全消費者認知」調查結果，39.2% 的受訪者表示
對食物安全感到憂心。當問到為何對食物安全不放心時，過半
數以上的受訪者都選出了「產地、有效期限標示偽造與不實」，
以及食品中含有「添加物與食用色素」等原因。在此我們並不
是要討論食品業者偽造或標示不實產地、有效期限的狀況實際
有多嚴重（或是並不嚴重），假如真的發生了這種行為，以消
費者的立場來說，便不得不計較。

食品中添加食用色素的原因

然而，添加在食品中的添加物與食用色素，可以說是不太一
樣的問題。假如食品中含有未經食品醫藥品安全處許可的添加
物或食用色素，或添加了超過許可的用量，這當然是違法的，
但實際上即便未觸法，消費者仍然經常感到不安。

市面上販賣的無數種飲料中，大多添加了食用色素，雖然添加量非常少且對人體無害，但隨著養生文化的興起，重視健康的人也越來越多，消費者對所有食品化學添加物都產生顧慮的趨勢也越來越明顯。藉由養生的飲食習慣來維持身體健康已成為普遍的需求，所以對此也不必再特別解釋。但是，食用色素正如字面上的意義，其作用僅止於讓食品增色而已，並不能增加味覺或促進健康，那為什麼這麼多的產品非要添加食用色素不可呢？

如 NIZO 食研所的實驗所示，我們喝草莓飲料時，必須同時感受到草莓香與紅色，才不會導致錯亂。香蕉原本是白色的，不過香蕉飲品必須是黃色的，大家才會感到滿意。不知道為什麼，我們一直以來都學到蘋果飲料必須是淺黃色的，如果不是就會覺得奇怪，這就是為什麼要添加食用色素的理由。當然，製造草莓飲品時為了呈現出紅色，也可以添加更多草莓，但如此一來，顏色雖然變得更紅，味道卻也會更酸，因而必須加入更多糖分，然後又導致價格上漲。價格昂貴的話，將不受消費者青睞。因此，成本最低廉的解決方式，就是添加食用色素了。

全新的感官實驗

　　那麼我們到底該怎麼做，才能為消費者研發出草莓香與草莓色素都恰到好處的飲料呢？如果在飲料中不添加色素，只有瓶子是紅色的話，消費者會滿意嗎？為了尋找這道問題的答案，我們設計了一項實驗。實驗的方法很簡單，我們準備了以下 3 種實驗物品，請一些人參與感官實驗後，觀察他們的滿意度。

1 號飲料 添加了紅色色素的草莓香飲料，裝在透明的瓶子中。
2 號飲料 未添加色素的無色草莓香飲料，裝在紅色瓶子中。
3 號飲料 未添加色素的無色草莓香飲料，裝在透明的瓶子中。

假設添加色素與否，對消費者的喜好度不造成任何影響的話，那麼食品製造商就沒有添加食用色素的理由；相反地，如果添加色素與否對實驗受試者的喜好度有影響，那麼我們至少能夠理解為何廠商會使用食用色素。色素是否非添加在飲料中不可，或是只須改變瓶身、包裝顏色即可呢？實驗看看就知道了！

世上獨一無二的草莓口味飲料

雖說實驗計畫與方法簡單明瞭，但不代表執行過程也會如此順利，問題就在於市面上找不到滿足實驗條件的飲料。我們原本打算委託飲料製造商代為生產符合條件的飲料，但是卻因為費用超出預算而放棄，原因是飲料公司每一次啟動生產，最少會產出數千瓶以上。於是，我們最後決定親自製作要使用在實驗上的飲料——原以為這不是什麼困難的事，我們很勇敢。但對於飲料的製造，我們一無所知。

當時負責這項計畫的曹鐘杓研究員，突然間就開始製作飲料了。對 Food Biz LAB 來說，在要拿蘋果做實驗時，會先種

蘋果樹、待蘋果成熟，收成後再拿來做實驗，因此製作飲料也是理所當然的事（信不信由你）。他的首要工作，是先喝遍市面上販售的所有韓國產草莓香飲料。不用說飲料製造了，連基礎技術都不懂的我們，只能老老實實地開始了解這無數種飲料的味道。再說一次，我們實驗室的名字不是「Food Production LAB」，而是「Food Biz LAB」，我們的主要任務是發掘飲食的價值並加以傳播。

本來以為這不困難的曹鐘杓研究員，臉色一天比一天沉重。後來，他終於完成了草莓香飲料，久違地露出了開心的表情。他的草莓飲料外觀看起來挺像樣，香味也不差，而且不知為何看見他激動的神情，就覺得應該會很好喝。想到這是世上獨一無二的「自製草莓飲料」，一股感動湧上心頭。

不過對於擔任指導教授的我而言，進到我嘴裡的這杯飲料，味道猶如華格納的《崔斯坦與伊索德》（*Tristan und Isolde*）第一幕中的毒酒。當然，在歌劇中的飲料其實是愛情的妙藥，但誤以為是毒藥而喝下的崔斯坦，心境想必也是如此悲壯。這杯需要另外加工的飲料才一入口，一股難以言喻的味道就衝擊了我舌頭上敏感的神經，向四處擴散，我立刻把飲料吐了出來。企圖以來自地獄的草莓口味飲料謀殺指導教授未遂的曹鐘杓研

草莓、草莓、草莓、草莓、草莓……

究員，臉色蒙上一層更深的陰影了。

在此之後接二連三的多次嘗試與失敗，就不在此一一記錄了。不屈不撓的曹鐘杓研究員以水和檸檬水為基本成分，再加入人工草莓香料與寡糖，為了製作出能喝得下去的飲料，他反覆經歷了無數次失敗，每回都以 1% 之差的比例調整配方，就這樣一次又一次地嘗試。當時首爾大學 200 棟常綠館的 8 樓走廊上飄散的甜蜜草莓香氣，濃郁程度與曹鐘杓研究員的努力成正比。包含我在內，參與了這次實驗的眾多研究員，都不斷試喝味道並提出建議，最後好不容易製作出稱得上是「飲料」的飲料時，所感受到的喜悅只有我們才知道。「Food Biz LAB 草莓口味飲料 by 曹鐘杓」在經歷了上述幾番波折後終於完成了。

幸虧做出了飲料，我們才得以進入下一個階段。為配合實驗需求，我們將飲料完成品的三分之一添加了色素，盛入透明瓶子中；另外三分之一則維持無色，盛入紅色瓶子裡；剩餘的三分之一也是無色飲料，盛入透明瓶子內。我們將這 3 款飲料中的一款提供給實驗受試者，向他們說明本次實驗是在新產品上市前，為了做市場調查而施行的試喝活動。我們假設受試者的反應，會隨著飲料的種類差異而不同，因此在介紹用於實驗的飲料時，我們向其中一組受試者介紹這是可以輕鬆喝的一般無

酒精飲料，對另一組則介紹這是類似維他命水的健康機能飲，接著開始進行實驗。最後，受試者喝下各自拿到的飲料，再填寫我們所準備的問卷。

對味覺影響甚巨的視覺刺激

這場實驗進行了 4 天，以 300 名 20 多歲的男、女性受試者為對象，調查了他們對 6 種不同飲料（根據添加食用色素與否、不同飲料容器搭配出來的 3 種一般飲料與 3 種健康飲品）分別的喜好程度。問卷中也包含詢問實驗受試者對自身健康狀況感到樂觀或悲觀的問題，因為我們預期受試者對自身健康狀態的認知，對實驗結果會帶來有意義的影響。幸好實驗進行期間，沒有發生受試者在喝了「Food Biz LAB 牌草莓口味飲料 by 曹鐘杓」後在座位上嘔吐的情況。雖然和研究結果無關，但我們希望不會看到有人做出「這不是給人喝的」反應，就這點而言算是成功了。曹鐘杓研究員可說是個無師自通的傑出飲料生產者！

視覺與嗅覺訊息的不一致，對人的喜好度會造成什麼影響呢？

無論實驗受試者喝的是無酒精飲料或機能飲料，比起裝入透明瓶中的無色草莓味飲料，他們更偏好添加了紅色食用色素的草莓飲料與裝入紅瓶子的無色飲料。我們研判當受試者喝下如水一般透明無色但帶有草莓香的飲料，以及帶有草莓顏色、草莓味的飲料時，對前者的體驗比較不滿意。果然，視覺刺激對味道的評價影響甚巨。此外，對自身健康狀態看法越是樂觀，意即越是認為自己身體健康的受試者，對於加了食用色素飲料的滿意度也越高。這代表大家對於食用色素其實沒那麼不滿，並不是很介意色素的使用。

好，那麼紅色飲料和紅色瓶子對決的話，哪邊更具有優勢呢？結果出爐：受試者最偏好的條件是以紅瓶盛裝的無添加色素飲料。意思是即使不添加食用色素，僅使用有色飲料容器，就能提升消費者的滿意度了。

有趣的是，以為自己喝下的裝在透明瓶子裡的紅色液體是機能飲料的組別，比起以為自己是喝下無酒精飲料的組別，表現出特別強烈的購買意願。為什麼呢？不太清楚。從統計上無法看出原因，但這畢竟是讓受試者直接以瓶子就口喝下飲料的方式所得到的實驗結果，假如將飲料倒入透明杯子裡再喝，結果或許又會不同。

❶   ❷   ❸

無酒精飲料（150 人）

❶   ❷   ❸

機能飲料（150 人）

食品中為何要使用食品添加物？

　　我們在日常生活中所吃的、喝的飲食裡，基於許多不同理由，會添加各式各樣的食品添加物，其中的食用色素大多是為了讓食物看起來更可口而使用的。也就是在我們吃下食物前，用來吸引注意力的添加物。食用色素看似對於提升味覺或健康毫無幫助，但其實在成就「味道」這門綜合藝術時，色素也發揮了自身的功用。實際上，比起無色的草莓味飲料，人在喝紅色的草莓味飲料時會感到更加滿足。這是人類判斷對食物好惡的機制，因此不得不說食品中會添加食用色素也是有理由的。

　　用於食品中的色素，其實符合依據食品醫藥品安全處所訂立的嚴格標準，以證明產品對人體無害，而且因為只能添加極少的量，所以很難對健康造成直接的影響。問題可能在於部分食品業者，時不時傳出製造過程違規的事件，才無法獲得消費者充分的信賴吧。

　　說到這裡，你可能會更好奇先前提到的有關羅湜晨的故事。究竟是什麼讓他胃口盡失呢？這都是因為創意性有餘、合理性不足的餐廳老闆，實在太自作聰明了。藍色飯粒的蛋包飯、綠

154

食戰！數據化的美味行銷
從吃播美食到熱銷趨勢，首爾大學的料理科學團隊創新感官實驗

色的泡菜鍋，和彷彿塗上水泥的豬排飯，有多少人看了這種照片後依然有食欲呢？至於他到底是怎麼把料理做成那副模樣的，我們還是別問比較好。後來，羅湜晨一行人感覺被耍，表情不悅地起身離開餐館，漫無目的地走啊走，故事就在這畫下了稍嫌平淡的句點。對了！飲料大王曹鐘杓先生在畢業後，任職於政府出資的研究所負責企劃研究的工作，聽說在這次研究後，他就不再做飲料了。

給美食家的祕訣

　　雖然大家普遍對食用色素有疑慮，但它對人體其實無害，如同先前的實驗結果所示，人對味道的滿足感，有很大一部分是來自視覺，而這視覺的刺激中，顏色又佔了相當大的比重。此外，一般食品醫藥品安全處為了人民的健康，對食用色素的使用訂立了相當嚴格的規範，所以基本上可以安心食用市面上販售的食品，不須對色素過度擔心。

給商家的祕訣

　　之前的研究結果最重要的一點，是消費者對飲料的滿足感不僅來自於味覺與嗅覺，還有很大一部分其實來自於視覺感官。除了飲料之外，食物亦是如此。從醬料的顏色到碗的顏色，都是非常重要的影響因素。然而，商家必須好好考量的點是色素的成本，畢竟大部分消費者對色素都有疑慮，有可能會因色素而決定不購買，那這便是一筆很大的成本。既然如此，與其在食品或飲料中添加色素，要不要試著在包裝、容器或碗等添加適合的色彩呢？

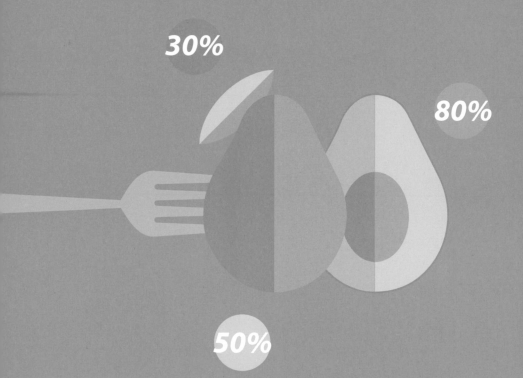

第 7 章

看得懂食品成分表嗎？

在韓國只要提到新創，大家仍會想到 IT 產業，但在美國已出現各式各樣在股市佔有重要地位的食品科技公司，像是肉類替代品業者 Beyond Meat 等。我認為，Food Biz LAB 也可以扮演這樣的角色，讓韓國了解全球食品市場成長得有多迅速、受到多少矚目，因為韓國的食品製造商勢必要往海外拓展市場。以後也要麻煩一直以來總是竭盡全力解讀、分析海外趨勢的 Food Biz LAB，更積極地向前邁進了。

安太漾（Food Culture Lab 代表）

超市或便利商店裡販售的食品全都是包裝好的，在便利商店裡，店員不會拿杓子舀柳橙汁給客人；但部分的環保人士主張食品的包材會成為垃圾、破壞環境。據了解，在德國其實已出現了販售無包裝食品的店家。

　　不使用包材也許是友善環境的作為，但是食品包裝扮演著舉足輕重的角色，假如沒有包裝，食物將在短時間內變質。如此一來，會產生更多的廚餘，受到腸胃炎和食物中毒所苦的患者也將增加。為了治療腹瀉必須買藥來吃，於是藥廠也必須製造更多的藥物。這麼說來，那些針對食品包裝的批判，難道是製藥公司策劃的陰謀？（這當然是開玩笑。）食品包裝還扮演了

另一個重要角色，就是「傳達資訊」。包裝上包含了許多訊息，一部分內容雖然是由食品公司自行決定，但主要仍是依據食品醫藥品安全處等政府機關的規定所標示，且其中有許多是為了公眾利益而標示的內容，舉例來說，除了成分表、添加物標示、製造商與經銷商、有效期限與過敏原標示以外，還有各式各樣的認證標章，而且關於標示的規定也日趨繁瑣。反正沒人會仔細看，為什麼需要這麼多標示？這真的是為了公益嗎？沒有的話會怎麼樣？

最標準的食品成分表

下次不妨在喝喜歡的飲料時仔細觀察一下容器，旁邊應該會有食品營養成分表。大家多少都曾好奇過成分表的內容是什麼意思、成分是否確實標記？加工食品的成分似乎還能以科學方式分析出來，那生鮮食品的成分呢？有時候我們也會好奇平時吃的蘋果、李子、綠豆煎餅等的營養成分。像這類沒有包裝，或包裝上沒有另外標示資訊的食品，會有專人來研究其營養成

分，這些人正是農村振興廳的標準食品成分表部門。他們會蒐集食品的樣本，找出「最標準的食品成分」。

近期有越來越多人活用這項研究的結果，假如想了解美式咖啡的營養成分，即可在標準食品成分資料庫中，查到主要成分、熱量、含糖量等資訊。隨著大眾對瘦身的關心遽增，想知道自己的飲食中有多少糖分的人也自然變多了。更重要的是，為學校或團體規劃菜單的營養師，必須衡量許多人應攝取的營養素，因此標準食品成分表相當重要。現在開始有點好奇了嗎？那麼請到 koreanfood.rda.go.kr 查查看吧！（編註：台灣可參考食品藥物管理署的食品營養成分資料庫：consumer.fda.gov.tw）

韓國的國家標準食品成分表是農村振興廳自 1970 年起，將來自農、畜、水產業的基本資料累積起來，每隔 5 年會發表一次的分析數據。最近一次發表的第九修正版中，收錄了分類在 22 個食品群，一共 3000 種的各種營養成分，如此龐大的數據皆透過農村振興廳網站免費提供，可以說是韓國人主要飲食營養資訊相關的資料庫，裡頭甚至還標示了 1+ 等級閹割韓牛的 37 個部位分別的營養成分。最近在 APP 市集上提供下載，那些能告訴你每日卡路里攝取量的瘦身軟體，也是以這個食品成分表資料庫開發而成。

雖然標準食品成分表的研究不知不覺已運用在多元面向，但是韓國相較於美國或歐洲，對這方面關注與投下的資源仍嫌不足。從 1890 年開始公佈數據的美國農業部（USDA）貝茲維爾人類營養研究中心（Beltsville Human Nutrition Research Center），經手的食品數量共 8,789 種，而比美國起步晚的歐洲食品資訊網（The European Food Information Resource Network Project, EuroFIR），卻擁有 35,651 筆食品數據資料。韓國的數值與兩者相比，差異立見。我們為何只有這般能耐呢？難道我們的飲食比起其他國家種類更貧乏，所以只有 3000 種食品嗎？說穿了，其實就是預算問題。在惡劣的環境中，頂多只有 4、5 位營養學家努力地進行研究而已。

　　至少從現在起，為了要引起更多人對標準食品成分表的關心，我們要仔細研究食品營養成分資料庫能發揮何種公益價值。應該說，Food Biz LAB 已經研究過資料庫的公益價值了。一如往常，我們透過幾項有趣的實驗做了研究。

標上資訊，讓人能做出更合理的判斷

　　我們最先規劃出的實驗方法如下：第一步很簡單，先將實驗受試者分成兩組，接著提供他們幾種食物，請他們想吃什麼就盡量選。這時 A 組拿到的食物旁邊，標有大大的營養資訊，好讓人看個清楚。上頭標示著每 100 克的食品中所含有的熱量（Kcal）、水分（g）、蛋白質（g）、碳水化合物（g）、脂肪（g）、維他命（Cmg）、膳食纖維（g）等 9 項營養資訊；而 B 組拿到的只有食物。在一邊知道營養資訊，另一邊不知道的情況下，他們會推測自己選擇的食物有多少熱量呢？另外，這些資訊對於食品的購買有任何影響力嗎？

　　為了驗證食品成分表對於購買意願的影響力，我們以 10 幾歲至 40 幾歲間的男、女受試者為對象進行了實驗。請受試者挑選了自己要吃的食物後，再問他們認為所選的食物大概有多少卡路里。

　　從簡單的第一項實驗中，我們得出了有趣的結果。實驗受試者必須從甜甜圈、蘋果、泡麵、吐司、牛奶、柳橙汁和可樂之中選擇，不過能從營養成分表得到營養資訊的 A 組，比起沒有

好吃的東西為什麼熱量比較高？
難道……熱量是味道的單位？

食戰！數據化的美味行銷
從吃播美食到熱銷趨勢，首爾大學的料理科學團隊創新感官實驗

營養資訊的 B 組拿得還要少。

我們再更進一步確認看看。在推測甜甜圈熱量時，A 組判斷的甜甜圈熱量比 B 組高，造成他們拿的甜甜圈數量有所差異，A 組呈現出比 B 組攝取更少甜甜圈的傾向。在挑選食物時，看得到食品成分表的 A 組，比起相反的 B 組所推測的甜甜圈熱量，每個高了大約 100 卡路里，也比 B 組少拿了約 0.4 個甜甜圈。

而在選擇韓國人的靈魂美食——泡麵時，也顯示出類似的結果。A 組所推測的泡麵卡路里比 B 組更高，他們挑選的數量也受到影響。獲得泡麵營養資訊的組別相較於未得到資訊的組別，呈現平均少拿了 0.7 包泡麵的傾向。

大家對常吃的泡麵預測的卡路里比實際上來得低，因此在看了食品成分表上真正的卡路里後便減少了消費。於是，我們歸納出對營養成分了解越多，消費得越少的結論。難道這表示，當你嘴饞想吃甜點或撫慰靈魂的高卡路里食物時，應該要多瞄一眼包裝上的食品營養成分表嗎？其實，實驗也出現了幾項和預期相反的結果。

並不是所有食品都得出了相同的結論，也有完全相反的情況，那就是「蘋果」。得到營養資訊的 A 組回答因為蘋果的熱量比

預期低，所以買了較多，而實際上 A 組的確拿了更多蘋果。此外，A 組比 B 組預測的牛奶熱量低，但是兩組之間所購買的牛奶個數並未顯示出有意義的差異。這是由於大家原本就是為了牛奶含有的鈣質和蛋白質等營養素而飲用，因此不會特別在意熱量的緣故嗎？也就是說，相較於為了滿足口腹之欲而吃的甜甜圈和泡麵，我們更重視喝牛奶時所能攝取到的營養素。

不過，最出乎意料的是可樂。通常大家會認為喝可樂對身體不好，但是看了成分表後卻發現熱量並沒有原本預期的高。從可樂熱量的預測結果來看，得到營養資訊的 A 組預測可樂每罐有 164.1 卡路里，比起 B 組回答的每罐 223.6 卡路里低了許多，因此 A 組比 B 組多拿了 0.7 罐的可樂。

我們對於第一個實驗做出了結論：如果有了資訊，人會做出更理性的判斷。實驗進行之前，我們預期只要提供受試者食品成分表，他們就會選擇購買更健康的飲食，但不見得所有情況都是如此。甜甜圈和泡麵雖然呈現出上述結果，不過受試者反而拿了更多的可樂，而且實驗結果也顯現出與牛奶熱量預測值高低不相關的選擇行為。

食品成分表與消費者

　一般來說，當消費者理性消費時，能夠獲得最大的滿足感。所謂的「理性消費」，指的是充分考慮產品的價格、自身所得以及該商品資訊後，做出價值判斷的消費行為。如果提供消費者食品營養成分，他們便會依據營養成分資訊來判斷食品的價值，做出以營養成分資訊為基礎的理性決策。

　標準食品成分表可以有效抑制那些因為過度攝取特定營養素所引發的疾病及死亡率。就舉常見的鈉攝取量為例，若攝取了過多的鈉，高血壓等心血管疾病很容易找上門。這時，患者會為了治療支付診療費、住院費、交通費等，這些費用就是因過度攝取鈉而產生的疾病成本（cost of illness, COI）。先前也有人在「只要稍微減少鈉攝取量，即可減少疾病成本」的假設下進行過研究，卻驚訝地發現如果稍稍降低吐司、甜甜圈和泡麵等食品的鈉含量，很多種疾病成本都能減少的事實。[5] 因此，讓隱

---

[5] 這份分析並非由 Food Biz LAB 主導，而是在共同合作的農業經濟社會學院金弘錫（김홍석）教授的「可持續開發暨應用經濟學研究室」中進行。Food Biz LAB 研究室對於經濟學連漪效果的推定這種令人頭疼的計算不拿手。

藏於食品中的營養資訊一目了然的食品成分表,不僅是對個人健康有益,也能藉由各種方式運用於社會公益層面。

現在再次回到「想吃什麼就盡量選」的實驗上。這項實驗僅利用幾種單一品項的食物進行,光憑這次實驗,無法充分驗證假說。因此,基於真實性的考量,我們進行了第二次實驗。問題的重點是:食品成分表與營養資訊是否對消費者的購買行為模式具有影響力?

近來人們購物時常會透過網路商城購買,雖然有些網站會標示食品營養資訊,但也有的網站未確實標示出來。在超市或便利商店購買實品時,我們可以拿起產品,仔細閱讀營養資訊。然而,在網路購物時卻無法這麼做,因此常常發生看不到食品成分表就購買的情況。包裝就是如此重要啊,各位!

於是我們從這點出發,設計了第二次的實驗——「網路購物實驗」。實驗方式是這樣的,先隨意在網路上架設一個可購買食品的網路商城,實驗開始時,兩個網站中的任一個會隨機啟動。在 C 網站上,只要點開產品即跳出包含詳細產品照片、價格,以及大而清晰的食品成分表畫面。而 D 網站上雖然販售與 C 網站完全相同的產品,卻缺少了食品成分表。想想看之前實

驗中 A 組與 B 組之間的差異，就比較容易理解了。我們設定了一個情境，告訴實驗受試者：「請各位在網路商城購買週末要和朋友在家舉辦小型派對需要的食材，預算是 20,000 至 25,000 韓圜。」一邊能看到食品成分表，但另一邊看不到，究竟食品成分表會影響購買行為嗎？

而在實驗開始之前，Food Biz LAB 團隊又進行過什麼樣的對話呢？

「曉瑛，[*6] 我們第一個實驗啊，會不會太簡單了？來試試看更真實的，好像真的在購物的實驗吧！要不要先架一個購物網站？手腳俐落的曉瑛，我覺得這工作最適合讓你來負責了。」

「好，教授，請給我一個禮拜的時間就好。」

然後「網路購物研究最佳人選」曉瑛只花了一星期，就迅速地架好了網路商城，並馬上投入實驗。

*6 就是「糙米瘦身研究的最佳人選」的那位曉瑛沒錯。

第二場的實驗進行了兩天。正如預期，受試者在提供食品成分表的 C 網站上購入的食材，比起在未提供食品成分表的 D 網站上購買的食材，總計熱量要來得低。不覺得很訝異嗎？所有條件皆一致，唯一的差異僅在於產品詳細頁面上是否揭示食品成分表而已，就能導致人們購買的食材總熱量減少。

　　因為好奇為何會出現這種結果，所以我們仔細觀察了實驗受試者的購買數據，竟發現了一項有趣的事實——如果提供營養資訊，大家會購買更多的生鮮食品。很神奇吧！假如提供食品成分表能幫助提高生鮮食品的購買量，那麼現代人因為膳食纖維攝取不足所引起的成人病，會不會也能因此稍微減少呢？儘管我們只是稍加改變了網站內容，效果卻很驚人。

　　食品成分表不僅有助於減少因疾病所產生的社會成本，也提供個人在進行健康管理時有能夠做出理性判斷的依據。此外，受惠者不限於消費者而已，食品成分表對於製造食品的企業而言，也有很多用處。為了健康著想，選擇對身體有益食品的人也隨之增加，於是鈉就成為大家關心的焦點。味道、健康與製造成本都必須考量的生產者，可以依據食品成分表的含量數值，判斷應該在工廠生產階段減少鈉含量，或是在烹調階段再進行調整。換句話說，關於「該怎麼做才能在減少成本的同時，又

能降低鈉含量」的疑問，生產商能夠從營養資訊中找到答案。
說到這裡，是不是對於在各領域都能發揮作用的食品成分表刮
目相看了呢？

📖 給美食家的祕訣

　　打從一開始就沒有所謂的好食物、壞食物之分，最重要的是能吃得少一點、吃得均衡、吃得開心。不過，我們在攝取食物以前總要先購買吧？這時確認產品背面或側面的成分表就相當重要。卡路里較高或鈉含量高的食品，只要少吃一點即可。如果吃一點巧克力，健康並不會因此變差，只要少吃一點就行。看營養成分表時必須特別注意成分表 1 人份或每份的計算基準，因為每種食物的標準不同，必須仔細確認過再判斷。同樣屬於巧克力類的不同產品，成分表上的 1 人份標準也可能不一樣。我們吃東西時，通常不會只吃一樣，而是同時吃好幾種食品，因此還必須考慮全部一起食用時的組合。很困難吧？所以結論是？再次回到一開始說的——吃得少一點、吃得均衡、吃得開心，才是最重要的。

<u>給商家的祕訣</u>

　　如同前面實驗所示，食品成分表對消費者的購買行為影響甚大，以加工食品來說，標示食品成分表已成為了義務，但對生鮮食品而言卻不一定。如果在線上或實體販售時標示出主要成分，有可能對購買行為具有正面影響的話，還是以標示出成分表內容為佳。那麼，要如何知道食品的成分呢？進入農村振興廳國家標準食品成分表的查詢網站（koreanfood.rda.go.kr），即可找到大部分生鮮食品的數值。費用多少呢？是免費的！（編註：台灣可參考食品藥物管理署的食品營養成分資料庫：consumer.fda.gov.tw）

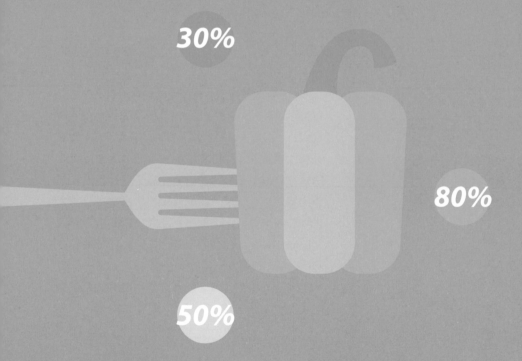

第 8 章

叫賣聲與廣告

Food Biz LAB 是開拓嶄新道路，具有實驗、冒險精神的研究團隊，正如同其口號「樂食、樂飲、樂遊的商業研究」般，他們跳脫農業與食品產業領域的典型研究框架，以單純對消費者有利的觀點，從土地到味蕾，研究一切有關飲食的過程。

鄭在石（정재석）（慶熙大學國際管理學系教授）

什麼樣的聲音擅於說服、吸引他人呢？以溝通為命脈的政治和行銷領域，對此議題不斷展開熱烈的討論。先來回想一下，我們每天會接到好幾通「歡迎借貸」、「歡迎投保」這類的行銷電話，有時對方的聲音讓人不想掛電話，還想再繼續聽下去（甚至聽著聽著就買帳了），也有的時候對方的聲音令人感到無法信任，只想快點結束通話。在高檔餐廳裡點餐時也是如此，有的嗓音會誘使人點昂貴的餐點，有的嗓音卻會喚醒深埋在體內的青少年反抗心理。什麼樣的聲音，是擅長推銷的聲音呢？

有所謂特別擅長賣東西的聲音？

Food Biz LAB 曾經對此興致盎然，原因是這樣的。某天，我半臥在客廳沙發上收看購物頻道，一名女性主持人以超高的聲調說話；轉到其他購物頻道，卻發現這位女性主持人以非常平靜、低沉的語調說話。有趣了！這時我從沙發上坐起來，進入認真探究的模式。另一個頻道裡正在賣排骨燉湯，主持人聲音雖低沉，但感覺起來語速頗快。再轉到別的頻道，噢！那位購物專家前幾天明明還放著「動次動次」的吵雜音樂，以速度又快、音調又高的聲音賣產品，今天卻用低沉的聲音賣保險。那位女主持人經歷了什麼樣的心境變化呢？是誰指示她這麼做的？難道這是購物專家的本能嗎？有人規定賣什麼產品要使用特定的聲音嗎？好新奇。遇到新奇的事物，我們就要研究。

首先，我們決定與目前仍在職的知名購物專家會面。在邀約電話中聽見的聲音雖然低沉、冷靜，但是語速較一般快，她表示現在正值孕期，因此暫時休息中。我們先談了一下收看購物節目時，對音調高低與速度的感受，並問她這些差異是否有特別的理由。她答道，根據產品的特性，有時候必須進行快速的銷售，主持時為了配合商品背景音樂的節奏感，說話的音調和

速度也就隨著變快了。當然，並不是銷售所有商品時皆如此。她表示在銷售高價產品時，為了給人穩重的感覺，會壓低音調，盡可能慢慢地說明。

喔，原來是發自於本能的技術。我們決心要正式開始研究銷售與聲調的關聯性了。餐廳的店員在引導客人點餐時，該採取怎樣的聲音才會對銷售有助益呢？看似瑣碎無關的部分，假如對實際的購買具有密切影響力，那就有必要透過實驗來確認。由於靈感是來自購物節目，因此也決定將實驗包裝成購物節目的形式進行。但是我們有個煩惱——必須決定該以實際播出過的購物節目來進行實驗，或是要親自製作一個購物節目。

我們設定了一個販售有機葡萄的購物節目情境，將焦點放在說出「銷售台詞」的聲音，因此在實驗中排除了一般假設裡常用的電視購物節目影片，改成以僅播出旁白的廣播購物節目方式進行。我們想了解的是購物主持人的聲音對銷售的影響，但是實際的節目中包含了各種視覺刺激，這些外部刺激一定會影響實驗受試者，導致他們對主持人聲音的專注力下降。所以，我們決定將購物節目視覺的部分去除，規劃了適用於廣播購物節目的新實驗。

研究的最大困難在於這個部分——就是常見的「內部效度」與「外部效度」的問題。如果想以最符合購物節目實際狀況的方式實驗，那麼請受試者在家中打開電視，一邊收看節目，一邊調查他們的購買意願是比較理想的方法。這種營造最接近實際情況的作法，我們稱之為提高外部效度。但是，每個家庭的電視機音量各不相同，螢幕尺寸五花八門，有的人是躺著看，有的人坐著看，有的人邊吃邊看，更有的人會一邊做伏地挺身一邊進行實驗。由於無法掌控的因素實在太多，這對於我們真正想了解的「購物主持人聲音對銷售的影響」造成很大的障礙，形成了內部效度低落的情況。

　　若反過來提高內部效度的話，外部效度便會降低。將實驗受試者關在實驗室裡，讓他們戴上同樣的耳機，播放去除了畫面，僅留有聲音的購物節目，正屬於上述的情況。如此設計實驗的話，可以取得高純度的「購物主持人聲音對銷售的影響」。相反地，這畢竟是從有點與現實脫節的實驗環境中取得的結果，若直接應用在現實中將會產生問題。內部效度升高的同時，外部效度便會下降。做實驗時，總會陷入該提高內部效度好，還是要提高外部效度才好，又或者是在兩者間取得妥協的煩惱中。內部效度與外部效度永遠是往反方向移動的。而這項實驗，我們決定要大幅提高其內部效度。

靠聲音吃飯

我們設計的實驗如下：相同的台詞，我們請 4 個人各自以不同的音調與速度說出來。第一位的聲音是音調高、語速快，第二位是音調高、語速慢，第三位是音調低、語速快，而第四位是音調低、語速慢。台詞是摘選購物節目主持人的腳本作為實驗用的錄音素材，我們隨機播放 4 段錄音的其中一段給實驗受試者聽，再請他們考量購買意願。銷售有機葡萄的購物節目主持人台詞如下：

各位，大家好。我是擔任今天 OK 購物節目主持人的李秀京。我們都知道葡萄可以幫助消除疲勞，喜歡葡萄的人應該很多，不過應該都曾經擔心過葡萄皮裡的農藥，會不會進到我們的體內吧？為了徹底解決這樣的煩惱，今天我們為您準備了阿郎農園的有機葡萄。最近呢，無論男女老少都知道有機農產品的好，因為沒有使用藥物、農藥來栽培，所以可以吃到新鮮自然的味道。但是可能有的人會擔心有機葡萄甜度不夠、果肉比較小，該怎麼辦呢？您完全不需要擔心這個問題。今天為您介紹的產品，是由一直以來只栽培葡萄的專業農家所帶來的，可以相信他們的甜度和品質，安心購買。現在已經有 400 位顧客完成訂

購了。這個產品，只有今天特價 33,000 韓圜，要買要快。利用自動訂購服務的話就不需要等待喔，麻煩各位撥打自動訂購電話，感謝大家。

然而，真正開始準備實驗時，我們卻遇上了不小的難題。由於 4 個人的聲音各有各的獨特音色和發音，這些音調高低與說話速度以外的因素，將可能對購買決定造成影響。如此一來，實驗結果又會參雜其他的變數，難以得出單純的結論，於是，最後只好決定由同一個人錄音 4 次。

「東旻啊，我們實驗室裡首爾話發音最標準的應該就是你了吧？而且之前看你也滿會演戲的，就請你調整一下說話的速度和音調錄 4 遍吧！」

每次我向研究員搭話，他們都會警戒地擺出一副「又想叫我做什麼奇怪的事？」的表情，而李東旻研究員的反應也是嚇了一跳，然後反問道：

「咦？我什麼時候演過戲……」

「嗯？是前天嗎？對我不耐煩的演技。」

「可是，那不是在演戲啊。」

　　就這樣，我們實驗室裡首爾話發音最正確、擅長表演不耐煩演技（？）的李東旻研究員，將相同的購物節目有機葡萄銷售台詞，以不同的語調和速度，錄了音調高、語速快，音調高、語速慢，音調低、語速快，以及音調低、語速慢等 4 種版本。

　　原本還以為實驗的籌備從此會一切順遂，沒想到卻又再次碰上難題。我們發現錄好的聲音，始終給人過於刻意的感覺。因為故意調整了音調和速度的關係，所以聽起來十分不自然。為了解決這個問題，我們借助了偉大 IT 技術的力量。方法是這樣的，李東旻研究員以自己的聲音錄了購物主持人的台詞後，我們利用軟體調整音調的高低與語速的快慢，最終結果相當令人滿意。播放這段錄音給認識李東旻研究員的人聽，完全沒有人認出這是他本人的聲音；反過來說，聲音的音調與速度對聲音的辨識具有相當大的影響。

　　台詞的長度大約是 1 分 10 秒至 1 分 20 秒，我們只向實驗受試者播放其中一種聲音，然後詢問他們覺得聲音聽起來是否有吸引力、有好感，以及是否感覺值得信賴、專業，假如要購買的話會買多少數量，與銷售的商品價格可能是多少等問題。實

驗的結果相當明確，音調高、語速慢的聲音，比起其他聲音獲得更高的好感度、信賴度與專業度的評價。相反地，音調低、語速快的聲音對購買意願的影響也立即反映了出來。聽到音調高、語速慢的錄音的消費者組別買了最多葡萄，而聽了音調低、語速快的聲音的組別，則創下最低購買率的紀錄。以單次購物金額來推算的話，主持人的聲音音調高、語速慢時，銷售金額（31,880 韓圜）比起音調低、語速快的聲音（25,100 韓圜），多出大約 6,780 韓圜。原來真的可以憑聲音賺更多錢，真是驚奇的新發現！

如果要廣告形象不佳的產品？

　　在確認了聲音具有能夠左右消費者的影響力後，我們立即進入下一個實驗。這項實驗的目的是為了驗證曾在社會上引發爭議的產品，是否能透過電視廣告改善其形象。於慶熙大學教學和研究國際行銷的鄭在石（정재석）教授，平時也是經常和我交流想法的同事、研究學者，也是我們實驗室的顧問。有一天，

「葡萄來囉！又高又快的葡萄〜又高又慢的葡萄〜
又低又快的葡萄〜又低又慢的葡萄來囉！」

他看了電視上某個借貸業者的廣告（不過問、不計較，把錢貸走）後，以微妙的表情說道：

「那個演員形象明明很好，為什麼要代言這種廣告啊？」

「嗯……收到很多廣告費吧。」

「哎喲，這不單純是錢的問題了吧。廣告主的目的是想利用演員的社會名聲把產品形象洗白啊！你想想看，每次只要有演員宣傳爭議性產品，最後成為議論焦點的不都是代言的演員嗎？這廣告不是反過來毀掉演員的形象了嗎？」

如同鄭教授所言，只要稍有不慎，廣告不僅會影響商品形象，甚至也會影響廣告代言人的形象。實際上他所看到的借貸業者廣告代言人，平時是以頗正直的形象受到中老年層民眾好評的中年演員，卻也因為這支廣告引發了爭議。

而在食品界裡的相似案例，正是基因改造生物（Genetically Modified Organism, GMO）。基因改造食品在社會上的評價普遍不佳，不過在這裡我們不打算論斷這種食品的優劣。基因改造是一種技術，所有技術只要能妥善運用，就能成為有益的技術；若不當地使用，則會招致負面的後果。總而言之，無法否認的

是基因改造食品正處在爭議的中心點。Food Biz LAB 的疑問就是從這裡開始，假如基因改造食品為了洗刷負面形象而製作廣告的話，究竟會不會有效果呢？還有，擔任了這款基因改造食品廣告代言人的演員，形象會因此受影響嗎？我們立刻進行了實驗。

有機甜椒與基因改造甜椒

我們深入地觀察了那些曾在電視劇裡登場的廣告置入商品，於是注意到了《賢內助女王》這部戲劇。如果看過《賢內助女王》的話，會發現甜椒生產者自助會的置入性廣告經常出現，而《賢內助女王》也確實有許多五顏六色的蔬果入鏡，彷彿是「甜椒女王」。飾演女主角的演員金南珠（김남주）無時無刻不在吃甜椒，鄰居太太們也會將甜椒面膜敷在臉上，後來甚至在對話時，劇中人物也會看著對方，莫名其妙地就開始吃起了甜椒。還有，每集結束時的靜止畫面上，也一定會出現甜椒生產者自助會的商標。究竟這種形式的置入性廣告，真的有助於推銷甜椒嗎？

在這裡我們再加上兩個假設，假如這款甜椒是形象良好的有機甜椒呢？又或者是會引起爭議的基因改造甜椒的話，結果會如何？

因此，我們決定取一段包含女主角金南珠畫面的《賢內助女王》片段來做實驗。實驗受試者被分成兩組，並請他們欣賞完全相同的 4 分多鐘影片。唯一的差異在於，其中一組會看到影片最後一個畫面中，同時出現甜椒生產者自助會商標以及有機甜椒的標示，而另一組則會看到自助會商標與基因改造甜椒的標示。正在閱讀這篇文章的讀者請別擔心，目前韓國並沒有基因改造甜椒。

我們詢問看過影片的實驗受試者有什麼感想，他們表示基因改造甜椒的置入廣告，對其產品形象幾乎沒有改善的效果，但是他們對女主角金南珠的觀感反而比看到廣告之前差。我們在有機甜椒組別發現了值得注目的變化：這一組對於金南珠的觀感並無太大變動，但是對於廣告中有機甜椒的興趣遽增。

另外，金南珠小姐，您不須擔心，實驗結束後，我們向實驗受試者再三重申這些甜椒既非基因改造，也不是有機作物，只是普通的甜椒而已。同時也以實驗室的立場表示：金南珠小姐絕對是大韓民國最優秀的演員。

擅長銷售的聲音確實存在！

　　透過實驗我們確認了以下事實：首先，利用產品廣告溝通時，每種產品皆有其適合的音調和語速。但是別誤會了，「音調高、語速慢的聲音最具有說服力」的結論，僅適用於我們實施的有機葡萄購物節目實驗，因此有必要針對各種產品的屬性與行銷策略，尋找適合的「叫賣聲」。此外，利用廣告宣傳在社會上有爭議的產品時，必須採取更審慎的方式，因為根據實驗結果顯示，光憑著置入性廣告宣傳，幾乎無助於消弭產品爭議，反而會損害廣告代言人的形象。

　　而李東旻研究員，在這場實驗裡燃燒演技魂，扮演了購物專家角色後，成為首爾大學 Food Biz LAB 出身的第一位博士，目前正於某國立大學裡擔任教授。

給美食家的祕訣

　　別太輕易被銷售員的聲音與外表迷惑了！說服你購買事後會後悔的無用之物的技倆，也就是讓你上鉤的第一招，正是銷售人員的視覺與聽覺刺激。還有一點，並不是經過基因改造，就一定對身體不好或是會造成危害，而且現在韓國市面上也沒有販售基因改造食品。

給商家的祕訣

　　各行各業與每種商品，皆有其適合的銷售聲音。無論是否面對面進行銷售，都必須依據產品特性找出適合的音調和語速，並妥善運用。即便產品彼此的差異不大，但是隨著傳達的聲音改變，有可能令顧客更加信賴商品，也可以提高銷售量。

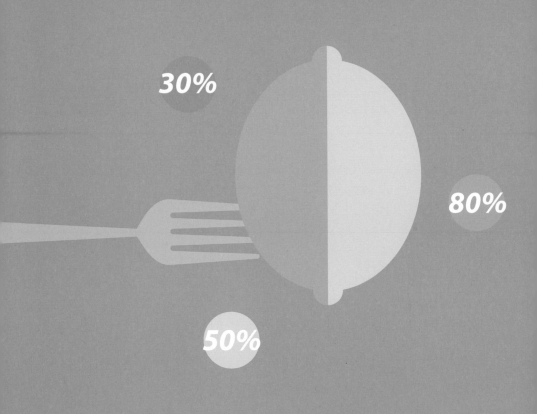

第 9 章

為開發新商品
而走上飲料之路

Food Biz LAB 並非只專注於「吃、喝、玩」的研究領域，也同時扮演了提供生產者值得信賴的商業對策、給廚師可供參考的數據，並告訴消費者正確食品價值的角色。由於 Food Biz LAB 是唯一有能力為食品環境帶來正向改變的研究團隊，因此相關業界人士也正以銳利的眼光觀察他們做了什麼，又打算做哪些事。

張畯宇（장준우）（主廚＆美食作家）

「你也看到了，不只是柳橙汁的問題而已，過去 7 年來韓國市場的橘子汁、葡萄汁這些，幾乎所有種類果汁的銷售指標都往下掉。果汁市場正在衰退，這不是一時的現象而已，而是市場正在改變，飲料市場的趨勢正在面臨巨大的變化。」

從投影機發射的光束刺眼得讓我看不清，簡報畫面裡充斥著線條往右下傾斜的圖表。我正在一場專為 P 公司員工舉辦的特別講座上解說與食品相關的趨勢，大家看了這些暗示果汁市場黯淡未來的資料後，會議室瀰漫著淒涼的氛圍。P 公司是一間專門產銷形象健康、高檔果汁的企業，其中一位職員開口說話了。

「那麼……我們來做沒加水果成分的
碳酸果汁怎麼樣？！？！」

食戰！數據化的美味行銷
從吃播美食到熱銷趨勢，首爾大學的料理科學團隊創新感官實驗

「沒錯，現在大眾的注意力完全集中在瘦身和健康上，糖分就變成了大家避免喝果汁的理由了。雖然那些盲目地在果汁裡加糖，讓果汁變更甜的食品公司也有錯，但是最令人擔心的是整體來說，消費者對果汁的興趣也跟著降低了。」

我聽了點頭答道：

「怎麼說呢？現在的情況好像是大家可以忍受因為吃肉而變胖，卻無法忍受因為喝果汁而變胖的感覺。以前小朋友口渴的話，媽媽不是都會給果汁嗎？現在的媽媽很少會這樣了。有趣的一點是，相對於果汁，碳酸飲料的消費量反而增加了。」投影機接著播放下一張簡報。碳酸飲料的曲線和果汁的曲線不同，往完全相反的右上方發展。在我開始解說之前，P公司的另一名職員舉手說道：

「稍等一下，我們公司很重視『健康的食品』，這時候才說要製造含糖碳酸飲料的話，因為違背我們的理念……」

P公司代表的聲音，從會議室後方悠悠傳來。「因為氣候變遷讓天氣越來越熱，果汁變得不再那麼『好喝』（drinkable）了。炎熱的時候，消費者不會買果汁來喝。可是碳酸飲料呢？喝起來順口，而且越熱越想喝。但也不能因為這樣，我們就開始做

汽水或可樂。」

　　一股沉重無聲的氣壓籠罩著會議室。將椅子往前拉而發出「嘎」一聲的同時，P公司的代表雙手托腮，緩緩地開口說道：

　　「文教授，身為飲料事業核心的果汁產品，狀況並不是很樂觀，老實說，前景有點黯淡。現在我們急需打造新的產品概念，希望 Food Biz LAB 可以提供協助。請幫忙我們開發跟得上未來的新市場，又能符合公司健康、自然形象的那種飲料吧。」

　　突然間收到產學合作的提案。要開發新概念的飲料啊……而且是在全國超市和便利商店通路銷售的飲料！這個有別於以往案件層次的問題，成了 Food Biz LAB 迎接全新挑戰的起始點。

開發創新又健康的飲料概念

　　「我是告訴他們『我會先和實驗室研究員討論看看，畢竟這不是我一個人能決定的事……』啦，不過大家都有興趣吧？要

做吧？ OK 吧？」回到研究室的我說道。

聽說了 P 公司特別講座上的事，以及由他們代表親自提出的計畫後，研究員們的臉上露出既感興趣卻又擔憂的神情。最後，他們果然被指導教授聲稱的「可以喝各種果汁和飲料很棒」的單純話術給騙了，就此投入開發新飲料概念的計畫。你試過一天三餐都以果汁代飯來填飽肚子嗎？我們試過，因為我們很專業。結果一個月後……

「代表，我們發現了一件有趣的事。看了 P 公司整體的銷售指標，我們發覺和其他果汁品牌比起來，P 公司各個銷售通路的佔比很不一樣。通常果汁在便利商店的銷售大概會佔整體的35%，網路銷售大約 25%，可是 P 公司的果汁在便利商店的銷售，很罕見地只佔整體銷售比重的 18% 而已，網路上更是連 1% 都不到，這點很有趣。相反地，在 Emart 等大型賣場的整體銷售佔了 60%，而且在幾乎不賣一般果汁的百貨公司，銷售佔比大約有 10%。」

我在會議中依據銷售點資訊系統（Point of Sales, POS）的數據，向 P 公司的代表報告在過去數年間，國內售出的所有果汁相關通路的銷售與分析結果。

「不只是這樣，這幾個星期以來，我們針對消費者進行了兩、三輪的訪談，結果發現 P 公司的果汁產品有個特別的現象。簡單來說，有小孩的主婦認為 P 公司的果汁和自己高度相關，但是大學生卻覺得這是和自己沒什麼關係的產品，他們連看都不會看。我認為這樣的焦點小組訪談結果，明確地解釋了為什麼 P 公司的果汁產品在各個通路的銷售比例和他牌果汁不同。在主婦常去的大型超市和百貨公司的銷售比重特別高，但是大學生常去的便利商店和線上通路，銷售比重卻非常低。產品雖然高級，可是對年輕人的吸引力不足。」

P 公司的代表默默無語地坐在椅子上，一邊摸著下巴一邊聽我說話。我快速地觀察了他的臉色，然後接著說：

「代表，也許您聽了會不太高興……」

「不會，一點也不會不高興。請老實地告訴我，這樣很好。」

P 公司代表以微笑示意我繼續說下去。「好的，謝謝。另外，您也知道，未來的銷售通路會是便利商店和網路平台，超市和百貨公司不是正在成長的通路，而且主要客群也不同。新的飲料概念會由我們這邊準備，但是不可能開發出同時能吸引有孩子的主婦和年輕人的飲料。您必須做出決定，要吸引有孩子的

主婦，還是年輕人呢？」

意外的是，代表迅速地做出爽快又果決的答覆。「我們公司的果汁一直以來都受到家庭主婦的青睞，正因為知道這點，我們也很努力回饋主婦客群。對，沒錯，就像教授您說的一樣，我們公司至今還沒嘗試過為年輕人、大學生推出產品，如果試試看一條之前沒走過的全新路線也不錯。那麼就拜託 Food Biz LAB 了，請建議我們以前沒做過、完全不同的飲料概念。不是果汁也無所謂，我們要試著開拓新的市場。」

代表毅然決然的態度，讓我感覺自己承擔的責任更重了，同時也意識到這件事的格局已變得比預想的更大。我們決定要朝著與 P 公司現有能力沒什麼關聯的方向開發全新概念，參與了這項計畫的研究室成員，幾乎喝遍大韓民國市面上的所有飲料，也就是說他們已經掌握了國內飲料市場的趨勢。

兩週以後，我和兩位研究員一起去了中國國際食品飲料展（SIAL China）。此行目的是為了在這場亞洲規模最大、聚集了全世界食品與飲料的博覽會上，分析全球飲料趨勢。我們擬定了這樣的策略：從早餐後到吃晚餐前的這段時間，除了展場上試喝的飲料外，不吃其他任何食物，原則上要喝過博覽會上參

展的所有飲料品牌，並觀察其產品概念。在這個規模超乎想像之大的博覽會上，如果要考察完所有飲料，只能限制進到胃裡的東西了，這不就是專業的表現嗎？

我們3個人圓滿結束了為期4天的調查後便回國，腦袋和胃裡裝的都是飲料。喝了海量的飲料，調查了海量的飲料產品概念，拿了海量的飲料樣品後，滿載而歸。幸好韓國並無規定入境時攜帶的飲料數量上限。我們回來時變胖了嗎？還是變瘦了？

當時一起出差、體型嬌小的李瑞允（이서윤）研究員返國時，竟然足足瘦了2公斤。是因為沒吃飯才變瘦嗎？不是這樣的。我們發現，原來人類的胃分成了吃飯的胃和喝飲料的胃。早餐和晚餐吃得很飽，其餘時間則是不斷試喝、考察新產品。過程中，我們為了體驗完中國國際食品飲料展驚人的規模，每天大約要走上3萬步，而且5月的上海已經很炎熱了。

當我們挺著灌滿飲料的胃走遍上海時，其他研究員則留在韓國，依據資料庫的資訊進行研究。透過向歐睿等國際市場調查機構購買的飲料新產品相關資料，他們調查了近3年來在美國、英國、法國、德國、義大利與日本上市之6,982款飲料的樣式、特徵以及市場反應。如果說上海的研究員是整天都在喝飲料，

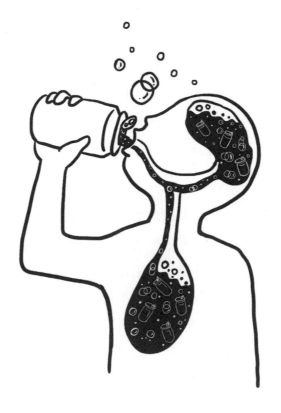

這就是專業……

那麼韓國的研究員則是在大數據的深淵裡，為了挑選出飲料樣式，看到眼睛都花了。

另外，還有幾位研究員在日本東京的 6 間超市調查架上有什麼樣的飲料上市。我們也向潛伏在歐洲全境的特派員請求協助，他們是因為喜歡我們的研究，所以自願幫忙做市場調查。倫敦特派員分析了英國市面上的飲料，赫爾辛基特派員則分析了芬蘭市面上的飲品，再將資料傳過來。全球飲料市場趨勢的輪廓，開始逐漸成形。

在綜合了消費者訪談、國內外市場調查與資料庫分析後，我們歸結出 8 種新的飲料產品概念。說起來容易，實際上研究的過程並不輕鬆，這根本是史無前例的全球性研究。不僅如此，為了讓好不容易取得的 8 種新產品概念獲得客觀的評鑑，我們邀集了 10 位韓國飲食專家，花了兩個半小時討論。當然，還有開不完的內部會議。

新產品概念最終版

後來歸結出的 6 個新產品概念最終版本如下：

◆ 以穀物堅果製作的非乳製植物奶
◆ 使用非乳製植物奶製成的植物性優格
◆ 乳酸菌水
◆ 果汁與茶 / 花草茶複合飲料
◆ 水果 / 蔬菜發酵飲料
◆ 提供特定營養成分的水果 / 蔬菜複合飲料

「所以，可以請您說說看這樣選擇的理由嗎？」

P 公司的代表向後靠著椅背對我問道。

「我從第一個概念開始說明吧！最近喜好蔬食的趨勢逐漸成
長，因為有乳糖不耐症而買替代牛奶喝的人其實很多。在韓國
如果講到植物奶，大部分都是指豆奶，所以我們建議可以克服
豆奶本身一成不變的口感和味道，研發出新口味、新口感的豆
奶，或者是利用燕麥、米、可可等，打造符合韓國人胃口的新
植物奶。」

「嗯，這好像不太容易。」

「是啊。要把穀物變成像綢緞那樣滑順的口感並不容易，這是需要考慮技術層面的產品概念。」

「好，那接下來呢？」

「第二個產品概念也和最近消費者越來越喜歡蔬食的趨勢一致。植物性優格近期突然在歐洲流行起來，而且漸漸擴張到海外市場，但是在韓國還很少見。雖然國內有些初創食品公司生產植物性優格，不過都在剛起步的階段而已。這是針對想吃優格可是體質不適合的人，也是幫助素食者維持腸道健康的飲料概念。」

「要開發出能夠上市販賣的產品，原來需要這麼多額外的研究。」

「您說的沒錯！所以這種狀況會需要和擁有相關技術的海外企業合作。第三個概念是乳酸菌水。現在越來越多消費者關心自己的腸道健康，可是大部分都是吃乳酸菌或優格等乳製品，換句話說，就是目前還沒有能直接喝的飲料。」

我向代表眨眼示意，他也微微一笑。

「為什麼優格不能當成水一樣喝呢？如果能把對腸道有益的乳酸菌加工成容易飲用的碳酸飲料，天氣熱的時候就可以大口大口喝了。在美國和歐洲市面上，就推出了各式各樣利用『克非爾』（kefir）乳酸菌做成的飲料。不過酸酸甜甜的乳酸菌，如果不是在牛奶裡，而是在其他飲料中的話，我們必須思考要做成什麼樣的口味來向消費者推銷，這是必須靠技術來解決的問題。」

我繼續接著簡報。第四個概念是果汁與茶、花草茶結合的飲料，目標是要運用 P 公司原有的果汁產能，超越果汁的侷限。一般的果汁風味很單一，不是甜就是酸，只有兩種味道而已，給人一種了無新意的印象。反過來思考的話，就是我們把重點放在發想出風味複雜又獨特的果汁，在果汁中混入綠茶、紅茶、花草茶等多樣的茶葉調味料，做出風味豐富但口感清爽，適合在炎炎夏日喝的飲料，而且也能替代茶，是方便在唸書、工作時飲用的產品。

第五個是蔬果發酵飲料。這個產品概念既能解決消費者對果汁高含糖量的疑慮，又同時迎合了消費者最近偏好碳酸飲料的趨勢。

「對，這個很新穎！因為果汁經過發酵後，糖分會減少，也會產生碳酸氣泡啊。」

P 公司代表不知不覺間已往我這邊靠了過來，我接著說下去。

「而且最近夏天不是變得非常熱嘛，所以就會想喝清涼的碳酸飲料。這時候推出高級天然碳酸果汁飲料的話，大家會想買單吧？問題在於酒精。我們需要運用技術來抑制在發酵過程中自然產生的酒精，但這不是簡單的事。可能需要找找擁有這項技術的業者或研究所。」

「原來是這樣，這個概念非常有趣。那最後一個概念呢？」

「第六個是提供特定營養成分的果汁、蔬菜複合飲料。這是參考了在英國和日本還算常見的產品，飲料含有消費者一天所需的維他命、礦物質等資訊。應該說這個概念重要的是，在研發果汁的時候，能回應消費者對於自己所攝取營養素的疑慮，包裝也可以傳遞正確的資訊。」

「雖然是很貼心的飲料，但是一不小心可能會變成枯燥無趣的果汁喔。」

食戰！數據化的美味行銷
從吃播美食到熱銷趨勢，首爾大學的料理科學團隊創新感官實驗

「所以這必須透過行銷來解決。」

「我了解了。你們在短時間內做了這麼多努力，我在這裡代表全公司向研究員表達謝意。但是，畢竟這6種商品無法全部開發……」

擁有極致味道與香氣的飲料

我們開始進入從這6個最終候選產品概念中選出2個的程序。儘管必須考量到市場性，但若研發經費過高也會造成困擾。再者，最初發想的食品概念與結果有許多不一致的情形，因此必須先決定欲實際生產的目標產品型態為何。舉例來說，如果要實現「口感如絲緞般滑順的豆奶」的概念，那會出現好幾千種的飲料，所謂「絲緞般滑順」的概念在具體化後，會是怎樣的滑順口感呢？我們必須透過數次的嘗試，打造出更具體的產品原型，也要調查其他業者和國家製作出了怎樣的產品。這時已經不是在研究趨勢和發想概念，而是進入了必須實際做出產品的階段了。

由於我們決定要調查該如何實現結合果汁、茶或花草茶的第四個產品概念，因此需要最擅長創造飲料味道與香氣的人。當然，飲料公司的研究員也十分優秀，不過我們需要能突破框架的想法，所以最後找上了調酒師。

加入 Food Biz LAB 飲料研發的徐正炫（서정현）調酒師，是曾經以國家代表資格參加世界雞尾酒研發大賽，屢次獲勝的實力派人物。當時曾利用花草茶研發出雞尾酒配方的他，正是我們在尋覓的「突破框架的飲料研發專家」。我們花了幾天時間，在徐正炫調酒師的店裡，試做、試喝了各種結合果汁與花草茶的飲料。他每調出一款飲料，我們就負責試喝和品評味道，然後不斷地調整風味。後來，徐正炫調酒師終於忍不住這麼說：

「這是我十多年調酒師生涯裡最辛苦的瞬間。通常調酒給客人的話，喝了 3、4 杯就會醉了。身為一個調酒師，看著客人喝了我調的飲料，露出微醺、開心的樣子，是我工作時的樂趣。但這是無酒精飲料，就算調了 15 杯以上，你們也不會喝醉，讓我覺得有點怪怪的，甚至還有一股難以形容的內疚。好像撞到一面巨大的牆壁，沒辦法往前走的感覺？」

的確，真是辛苦了。不過無論喝了多少也醉不了的我們，也是很辛苦。

在選擇新產品具體特性的同時，也必須考量技術層面的問題，終極目標是選出一個可實現的飲料概念。意即，它必須是能夠大量生產的產品，否則無論產品概念有多好，只要研發和生產成本過高，即便是好的飲料也難以被製造，最後這個概念充其量只是個存在於想像中的獨角獸罷了。因此，我們與 P 公司研究所的研究員見了好幾次面，針對技術上的妥適性、實踐可能性進行商議，並解決了許多問題。然而，我們依然有些尚未解決的疑問，於是立刻出發前往歐洲，造訪英國、荷蘭、義大利的知名食品研究所、大學和企業等。

直奔垃圾桶的優格

Food Biz LAB 造訪荷蘭瓦赫寧恩地區的一間食品研究所，時間大約是在 2019 年 6 月下旬，我和李東閔（이동민）博士，以及博士班學生李瑞允一行三人，懷抱著開發出新飲料的決心，

跨海來到了鬱金香的國度。我們與荷蘭的食品科學家們針對新飲料概念的研發進行交流。

先來了解一下全球的食品相關趨勢吧！其中一個未來趨勢正是素食。簡單來說，就是減少吃肉的意思。但是不吃肉會造成蛋白質攝取不足的問題，導致健康出狀況。人類需要很多蛋白質，有些素食者會透過牛奶的乳蛋白補充蛋白質，或是以優格等飲品填補不足的部分。可是不喝牛奶的人呢？這時所剩的選項只有豆類含有的植物性蛋白質了。

韓國、日本、中國是具有食用豆腐傳統的文化圈，因此相對之下較容易攝取植物性蛋白質。而且韓國人自從 Vegemil 和 Sahmyook 豆乳上市起，長期以來已形成了飲用豆乳的文化，對我們來說非常自然又美味的豆類料理，在美國與歐洲卻未受到太多關注。從小沒有食用豆類習慣的他們，對於豆子的微澀口感和腥味感到不適應。有位荷蘭科學家率先開口了。

「我們有一種創新的技術可以去除豆乳那股難聞的豆味。」

「不用、不用，韓國人不太介意那個味道，我們吃豆腐和豆乳的歷史很悠久，何況韓國和日本公司在去除豆味這方面是全世界數一數二的。」

「那文教授需要我們幫什麼忙呢？」

「含有乳酸菌的植物性優格，可以替代早餐吃的那種。」

「喔，完全不使用牛奶做成的植物性優格現在在歐洲很受歡迎，尤其在素食人口比例高的西歐，這個市場正在快速成長。」

「對，這次來歐洲我們試吃過植物性的優格，但是似乎有兩個問題。」

「什麼問題？」

　　一抵達歐洲，我們3人就試喝了無數種飲料，而且對於在韓國仍不具有市場，使用非乳製植物奶製成的優格製品特別感興趣。在素食人口比例相對較高的英國、比利時、荷蘭、德國、丹麥、瑞典等西歐與北歐國家，植物性優格的需求相當大，其中比利時的A公司推出的植物性優格，更獲得了絕佳的成果，所以我們抱著很大的期待購買了A公司的產品。然而，我們竟然吃不到三分之一，就將優格扔進了垃圾桶。

　　李東閔博士是這麼形容的：「有一種讓人不想吃下去的奇妙味道。」李瑞允研究員則說：「還好啊？還滿好吃的。」話雖

如此，但她也沒繼續吃下去。而我對這款優格的感覺是：「把搗碎的嫩豆腐和豆乳混合後，加入 8 滴食用醋的味道。」依我們判斷，這款產品不合韓國人的口味。

「第一個問題是酸味太強烈了，有食用醋的味道，這應該是韓國消費者不會喜歡的酸味。第二個問題是口感應該再更濃稠一些，韓國消費者才會喜歡，但目前市面上的產品口感都有點稀，韓國消費者可能不會青睞。」

當時現場的荷蘭食品科學家中，年紀最長的科學家笑瞇瞇地答道：

「喔！口感可以調整，味道也可以調整。不過，原來有這種文化背景啊。我們荷蘭和比利時、德國、丹麥這邊，通常很重視牛奶做成的優格裡的酸味。我們喜歡酸酸的味道，所以植物性優格表現出來的酸味也比較強烈。原來韓國人不喜歡這種味道啊！如果想要比較不酸的優格……那義大利的應該很適合！」

「義大利？」

「對啊，自古以來氣候炎熱的南歐地區，只要食物發出酸味的話，當地人就認為是腐敗的徵兆，在冰箱發明以前這是很常

見的事。所以他們不像北方人那麼喜歡酸酸的味道，尤其乳製品更是如此。」

尋找義大利的植物性優格

於是，我們 3 個從韓國來的飲料研發者，接著又從荷蘭飛去義大利了。雖然目的是為了找到「酸味較低的植物性優格」，不過 Food Biz LAB 其實也聽說了有幾位能解決我們其他問題的高手正好在義大利，而且是在波隆那，所以我們便前往了當地。

波隆那是義大利艾米利亞羅曼尼亞省的首府，艾米利亞羅尼亞食品產業聚落的中心。附近還有摩德納、帕爾馬等城市，這些城市從很久以前就以美食聞名，這個地區的食品加工業歷史，甚至能上溯至羅馬時代，當地的生產者千年以來都持續種小麥做義大利麵；將豬肉鹽漬、熟成後製成帕馬火腿；利用牛奶做出帕米吉阿諾乳酪；以葡萄製作出藍布思珂紅酒和巴薩米克醋。說到波隆那，不能不提到火腿。艾米利亞羅曼尼亞地區與鄰近的托斯卡尼省、皮埃蒙特省，是「農村觀光」（Agri-

Turismo）概念的創始者，也就是所謂「第六產業」的概念萌芽之地。

我們與此地主要大學的食品工程學系、生物科技相關的教授們，以及食品相關的研究員、食品公司職員等人見了面。相較於北方的歐洲人，義大利人的性情和我們更合得來。他們很開朗，不管問什麼都無條件說做得到，聊到和義大利飲食文化有關的話題時，儘管他們不太清楚韓國飲食文化，還是先讚美了（？）一番，不過他們也補充道：「飲食？只要不是英國和美國就好。」

一問到我們想要的植物性優格，一名帕爾馬大學的老教授，也是產業聚落裡的重要人士答道：

「你們也覺得那裡的優格不好吃對吧？他們北方人很奇怪，愛把優格做得很酸，我們也不太喜歡那種酸味。」

「沒錯，我們吃過在北部流行的 A 公司植物性優格，如果要符合韓國人的口味，口感應該要再更稠一些。那種像醋一樣的酸味行不通。」

「我們附近就有幾間生產植物性優格的公司。啊，韓國人

也常吃米吧？也有不是用豆類，而是用米產出植物性優格的地方。」

李瑞允研究員問道：

「真的嗎？要去哪裡買呢？去波隆那市中心的超市買得到嗎？」

「現在還買不到，上市還不到兩、三週而已，現在只有米蘭販售。」

我又再次提問：

「好可惜，那用豆類做的豆乳優格去哪裡能買到呢？」

「去稍微大一點的超市就很容易買到。因為現在偏好素食的消費者越來越多，優格專用冷藏櫃裡的植物性優格比例也越來越高。以前我年輕的時候，在義大利是沒有人吃素食的。」

「那有沒有我們能拜訪的植物性優格公司呢？」

「哈哈，當然可以，我們已經事先聯絡好了。明天去拜訪 G 公司吧，這是很大的飲料公司，以前原本是生產乳製品，最近

也生產可以替代牛奶和優格的植物性飲料。等一下給你地址。」

「喔,太好了!不過那間 G 公司也有生產果汁嗎?我們也需要了解有關果汁生產技術方面的建議,真的很迫切。」

「喔?是怎樣的果汁?」

「類似藍布思柯紅酒的果汁,但是必須不含酒精。會冒出發酵過程產生的細緻、高品質的天然碳酸氣泡的天然發酵果汁,要做成無酒精的。」

有可能製造不含酒精的發酵果汁嗎?

水果中含有的糖分若經過發酵作用,糖就成為了酵母的食物並逐漸減少,這時會產生碳酸、各種香氣物質和維他命。發酵吸引人的其中一點是,發酵的過程裡還會產生酒精,對於大人來說雖是值得高興的事,但如果是專為小孩製造的飲料,卻是不樂見的情況。假如要製作天然發酵水果飲料,必須盡可能地

減少酒精。關於水果發酵還有另一個特徵，就是發酵過程中糖度會降低！原本只有單純甜味的果汁，在發酵後所產生的豐富、絕妙滋味，會融入果香中，形成獨特風味。

葡萄酒就是葡萄經過發酵後的成品。將已經成熟的葡萄榨成汁，再把酵母覆蓋其上進行發酵後，就成了葡萄酒。原本酒裡也含有碳酸，不過我們常喝的葡萄酒在熟成過程裡，碳酸會逸散到空氣中，所以沒有碳酸氣泡。反之，也有幾種保存了碳酸，可以感受到氣泡在口中迸發的葡萄酒，其中之一便是法國的香檳，另一種則是義大利的藍布思珂紅酒。這兩種葡萄酒以氣泡為特色，由不同工廠生產的酒，氣泡質感也有差異。而真正將水果在發酵過程中產生的天然碳酸氣泡直接保留在瓶內的葡萄酒，就是藍布思珂紅酒。

喝可樂或汽水時，嘴裡感受到的碳酸氣泡顆粒較粗。這種在紅酒裡的碳酸，可能會令人想起我們平時熟悉的那種碳酸氣泡，不過可樂、汽水的碳酸，並不是在發酵過程中自然生成的產物，而是事後注入的。相反地，藍布思珂紅酒裡嗶嗶啵啵冒出的細緻氣泡，卻是完全不同的口感，這是經過自然發酵而來的。如果說香檳的氣泡帶來酥酥麻麻的刺激口感，那麼藍布思珂紅酒的氣泡，就彷彿是充分攪拌過的奶油，輕柔地盈滿整個口腔，

有一點酒精的果汁其實也不錯啊……

食戰！數據化的美味行銷
從吃播美食到熱銷趨勢，首爾大學的料理科學團隊創新感官實驗

然後逐漸消失的感覺。只是問題出在酒精，有什麼方法能在維持這種獨特氣泡體的同時，又將酒精濃度降至 1% 以下呢？我們必須解決這點。義大利老教授豪爽地笑著說：

「哈哈～可以辦到。沒有酒精的發酵果汁喔……無酒精的藍布思珂紅酒，哈哈哈～這個有趣。但是 G 公司不生產用水果做的加工果汁，那裡只生產乳製品、植物奶、植物性優格。明天我會讓你見幾位微生物專家。無酒精的藍布思珂紅酒，都可以做～都可以做～」雖然他說都可以做，但是不知道該相信幾分。

對味的植物性優格

結束會議後，我們順道去附近的大型超市，嚐了很多那裡賣的飲料、植物性優格等等。我們秉持專業精神，喝了又喝、喝了又喝，最後發現幾種有趣的產品。其中一種是以豆類製成的豆乳優格，嚐了味道後驚為天人。真的如那位老教授所說，有幾樣酸味較淡、風味濃郁的植物性優格脫穎而出。也如同我們在荷蘭見到的食品科學家說的，義大利的植物性優格比較合我

們的胃口。哇，好好吃！原來歐洲市面上已經有如此多樣的植物奶和植物性優格製品了。

隔天，我們拜訪生產植物性優格的 G 公司，吃到他們製造的豆乳優格與可可優格系列商品，味道相當地美味。儘管這不是我們來到義大利後吃到的植物性優格中最好吃的，不過比起比利時、荷蘭和德國的植物性優格，這款明顯更符合韓國消費者的胃口。不僅口感濃稠，酸味也低。原味的產品與萊姆、草莓、薄荷、芒果等水果味互相搭配，構成了數條產品線。假如不明說這是植物性優格的話，你根本不會知道這是以豆子或可可製成的產品，只不過這和牛奶製成的優格味道不盡相同，稍有違和感。

想買植物性優格的韓國消費者，是希望吃了以後讓腸胃更舒服，或是為了永續的未來而吃素食、減少肉製品的消費。這樣的植物性優格假如在韓國上市，究竟能不能成功呢？

我們依約和義大利的發酵專家們見面，談論有關水果、蔬菜發酵飲料的技術，他們介紹了能將發酵果汁中的酒精含量降低至 1% 的兩種方法。其中一種方法是在發酵時，使用產生較少酒精的酵母進行接種，讓酒精量本身減少；另一種是先讓酒精自

然產生，完成發酵後再以蒸餾方式去除。不過兩種方式在技術上都不容易。

登愣！靈光乍現的飲料概念

回到韓國以前，我先到英國做市場調查，同時待在一間大學的宿舍裡。我把腿擱在書桌上發呆，桌上有幾十瓶飲料，我一口氣喝掉裝在小瓶子裡的酸味果汁，然後不禁皺起了眉頭。

「噢，好難喝喔！瞬間清醒了。」

那一刻，頓時整合了所有雜七雜八的想法，關於新產品的點子忽然間靈光一現。

先從結論說起，技術上的難題無法立即獲得解決的發酵果汁，已從最終候選名單中淘汰，因為要給孩子喝的飲料裡，哪怕是含有一點點的酒精都會造成困擾。雖然也有去除酒精的辦法，不過投入這項技術的代價太高了。此外，非乳製的植物性豆乳

也從最終候選名單中剔除了。原因並不是技術層面的問題，而是從現實層面來看，很難繼續開拓目前已呈飽和狀態的韓國豆乳市場，而且勢必要投入龐大的行銷成本，也能預期將遭到既有競爭對手的反擊。好，現在只剩下 4 個候選產品，那 Food Biz LAB 最後向 P 公司提案的飲料概念是什麼呢？

想知道的話，可以到便利商店看看 P 公司的飲料產品。我們向 P 公司提出了兩種最終方案，包含更加詳細具體的產品概念。給大家一個提示吧！一個是尺寸較小，以健康趣味的 shot 為概念，將「girl crush」作為產品標誌的飲料；而另一個是以「在複雜時代下追求極簡生活」為概念的「kinfolk」飲料。對了，P 公司就是圃美多（Pulmuone）。

📔 給美食家的祕訣

　　比起榨汁或磨製後再食用，直接吃水果其實對健康是最有益的，不過飲食的功用不僅僅是為了攝取營養素和維持健康而已，享用美味的食物對於心理健康也相當重要。無論是果汁、可樂或咖啡，皆可適量享用。還有一點！在家榨果汁時，有一個能讓果汁變得更好喝的方法：加入一點紫蘇葉、羅勒、迷迭香或檸檬草等香草喝喝看，風味將變得更豐富，還能感受味覺帶來的新奇樂趣。

📔 給商家的祕訣

　　能改變每年都在縮小的果汁市場的方向有兩個：減少含糖量與研發令人想在炎夏暢飲的果汁，同時強調果汁本身天然、新鮮、健康的形象。希望首爾大學 Food Biz LAB 用心研究出的內容能對大家有所幫助，圃美多食品也十分爽快地准許我們公開這份研究內容。

30%

80%

50%

第 10 章

為何大家群聚在一起？
——食品產業聚落遠征隊

Food Biz LAB 的研究員為了學習在實地考察的同時，觀察社會現象並進行分析的理論，一直以來持續上課、鑽研文獻且參與研討會，過程中也反覆嘗到了實務與學術時而一致、時而相悖的滋味。他們一會厭倦到纏著教授鬧脾氣，一會又因為研究結果與假說相同而歡呼，心情起起伏伏。大家總是艱辛地試著在實務與學術之間取得平衡，這正是我所參與過的 Food Biz LAB 的優點與魅力。

李東閔（江陵原州大學 食品加工營銷學系教授）

產業聚落（cluster），是社會與國家共同合作，為個別消費者與生產者提供物質上、精神上協助的系統。談飲食談到一半，幹嘛突然說起這種嚴肅的話題？是因為接近尾聲才說這些的。總不能在書的一開頭就聊這麼無趣的內容吧？不過這是與飲食、社會、文化、產業、管理和國家有關的，非常重要的議題。

產業聚落是展示一個「完善的系統」能夠造就美好飲食文化的絕佳範例。一個完善的食品產業聚落有何種特徵呢？在韓國能夠建立一個優良的食品產品聚落嗎？要怎麼做才能打造出一個像樣的食品產業聚落呢？得知這些煩惱後，我們 Food Biz LAB 便踏上了「尋找產業聚落祕辛」（？）的旅途。

產業聚落是如何建立的？

　　人們常用一串葡萄來比喻產業聚落，因為一個地區裡的特定產業與相關企業，負責原料生產和銷售通路的人力與機關群聚在一起的樣子，會令人聯想到結成一串的葡萄。身為 IT 產業搖籃的美國矽谷，或是聚集了手工鞋工廠與商家的首爾市聖水洞，皆是具有代表性的產業聚落範例。食品產業聚落意味著食品相關企業的密集地區，而韓國在全羅北道益山市，有一處由政府主導設立的「國家食品產業聚落」。

　　像韓國一樣由政府創立產業聚落的例子並不普遍。看看歐洲的話，在一千年前已出現了類似產業聚落型態的合作組織，可說是產業聚落的祖先。義大利就是個很好的例子，全國各地都有農業、畜牧業，各自形成他們特有的飲食文化。當地所生產的牛奶會用來製造乳酪，以及適合這款乳酪的義大利麵等料理，其他地區也會各自發展出具有差異性的飲食文化。這類以地區為單位構成的合作文化，從羅馬時期開始就自然而然地成形了。光是從在地農家所生產的食品歷史，便可推算產業聚落已存在超過了千年。

食戰！數據化的美味行銷
從吃播美食到熱銷趨勢，首爾大學的料理科學團隊創新感官實驗

瑞典斯堪尼食品產業聚落

荷蘭糧食谷

義大利艾米利亞羅曼尼亞
產業聚落

　　如此與歷史和生活緊密結合，存續至今的歐洲食品產業聚落，
之所以能變得更穩固的原因，是因為獲得了地方政府、大學與
企業的支持。根據學者研究產業聚落的結果，越是成功的產業
聚落，大學與企業、政府間的密切結合就越顯著。同樣地，位
在義大利中北部地區的艾米利亞羅曼尼亞的省政府，會支援由
農家為中心所構成的地區合作社，而波隆那大學、帕爾馬大學

等周邊大學的生物工程、食品工程、管理學、農業學系等各領域學者，也會與產業聚落裡的企業合作。

另一個案例是全球第一的食品產業聚落——位於荷蘭的糧食谷。糧食谷之所以獲得了「全球第一」的美譽，是因為瓦赫寧恩大學在其中扮演了要角。以農業為核心進行的農產品研究，會持續累積有關食品加工、創新想法，以及生產流程的知識，於是與食品相關的企業，也漸漸往學校周邊移動。這個地區自然而然地創造了許多就業機會，東荷蘭開發局於是馬上提供糧食谷不動產、稅收優惠和研究經費補助，產業聚落正式成形。

在產業聚落的起源地歐洲，這些自然形成的地區合作組織，開始獲得了更多來自大學、政府與企業的協助，逐漸構成一個更穩固的社會、文化、經濟共同體。而缺少了這段過程的韓國，由於必須在國家的主導下於短時間內建立產業聚落，因此面臨了各種問題與課題。世界知名食品產業聚落所具備的競爭力是以什麼為基礎？仍在剛起步階段的韓國，必須補足的部分又是什麼？

國外的各種產業聚落

Food Biz LAB 首先以幾種產業聚落理論為基礎進行事前調查，再挑選出幾個適合韓國的產業聚落模型，然後飛往該地考察產業聚落。同時，我們也向瑞典、荷蘭與義大利的大學研究所相關人員提出共同研究的邀請，幸好他們都報以友善的回應，我們才能取得只有在當地才能查看的資料。

Food Biz LAB 第一個造訪的地方，是義大利艾米利亞羅曼尼亞的產業聚落。此地最大的特色非自然環境莫屬，尤其是在酪農業方面擁有優勢。自古以來農業就特別發達、生產力突出的艾米利亞羅曼尼亞，自 1970 年代起獲得了政府的支援後，開始漸漸形成產業聚落。1974 年時為了促進地方產業發展，當地又透過了區內的大學（U）、產業（I）與政府（G），即 UIG 的網絡，設立了地區開發機構。從此時起，為肉類、乳製品相關的加工食品製造量身訂做的產業聚落開始正式運轉。

艾米利亞羅曼尼亞產業聚落的另一特色是，由於是以生產者合作社為主的結構，對第一級的農產品依存度偏高，因此企業規模不大，中小型規模的生產商為數眾多。

我們訪問的第二個地方，是位在瑞典南部地區的斯堪尼食品產業聚落。以酪農業知名的這個地區，也聚集了許多農民和食品業者，於是漸漸形成了產業聚落，他們的頂尖機能性食品，藉著「生科食品產業聚落」的商標而享有盛名。此地的歷史並不如艾米利亞羅曼尼亞般悠久。瑞典於 1995 年加入歐盟（EU），當時由於擔心國內食品產業競爭力衰退，因此政府、小型企業與隆德大學活用斯堪尼地區的大學網絡建立了產業聚落。

斯堪尼食品產業聚落曾一度被稱作厄勒產業聚落，因為這是由厄勒海峽大橋（Øresundsbron）[*7] 兩端的丹麥與瑞典共同合作建立的地方。然而，隨著兩國間利害關係破局，現在只由瑞典獨資營運此區。

瑞典與以農產品、加工食品製造領頭的義大利不同，在這裡更發達的反而是與知識有關的產業。也許是因為如此，比起工廠的生產活動，在斯堪尼更容易看見人們在企業辦公室裡交流的模樣。看到周邊產業比起第一級產業更發達的斯堪尼食品產業聚落，就能理解以食品包裝知名的企業利樂（tetra pak）為何出自於瑞典。

*7 也譯為「松德海峽大橋」。

在瑞典之後拜訪的是荷蘭的糧食谷。糧食谷是位在荷蘭東部瓦赫寧恩一帶的產業聚落，在食品與健康產業領域具有世界級的競爭力。國土面積大約等於慶尚道與全羅道加總面積的荷蘭，是僅次於美國、法國，名列世界第三大的農畜產品輸出國。此外，全體農家的 25%，是年所得逼近 1 億韓圜（約新台幣 247 萬），種植高所得園藝植物的農家。依據 2008 年的資料，荷蘭的農產品輸出額為 837 億歐元（約新台幣 2.9 兆），其中糧食谷的年銷售額達到 470 億歐元（約新台幣 1.6 兆），這等於是佔了荷蘭國內生產總值的 10%，數字相當驚人。

　　糧食谷直接或間接創造出大約 70 萬個就業機會的效益，也難怪成為荷蘭的福地。所以荷蘭政府為糧食谷祭出諸多支援的政策，如研發（R&D）費用稅收減免、產學合作產業補助金等，這些支援成為促進瓦赫寧恩一帶大學、研究機構與企業間建立網絡的良性循環。

　　糧食谷產業聚落整體的氛圍，雖然有些類似瑞典的斯堪尼食品產業聚落，不過運作的重心更偏重大學。我們訪問此地時，印象最深刻的是瓦赫寧恩大學裡的一間餐廳。表面上看來是個平凡無奇的學生餐廳，實際卻是一處實現產學共同研究的「活生生的研究所」。

來到餐廳裡的人，都同意其個人資訊被運用在研究上，而且設計成自助式的餐廳，也在顧客不知情的狀況下安裝了攝影機與 IT 裝置等。這些裝置能一一記錄下客人較常選哪種餐點、購買何種商品，以及哪幾款餐盤和包裝更受顧客青睞，什麼樣的桌布和燈光能讓人吃得更多、待得更久。像這樣透過實際經驗蒐集而來的數據，與藉由問卷調查所獲得的資料，又具有不同的現場性。大學與企業共同投資打造的這間「The Future Restaurant」，即是產學共同研究的代表性範例。

挑剔的消費者才能推動產業發展

才剛在全羅北道的益山建好了建築物，開始營運產業聚落的韓國，與隨著悠久歷史一路發展至今的歐洲相較，在很多方面仍有不足。不過，既然了解了產業聚落的重要性，從現在起就要找出我們可以做的事與應該解決的問題，一起向前邁進。

首先，消費者必須變得更挑剔。由生產者主導產業方向的時代已經過去了，現在是由了解趨勢、具備文化知識的消費者扮

演先鋒的角色。更何況韓國正面臨一步步逼近人口斷崖的局面，市場銷售的規模逐漸縮小，將來消費者購物品質的提升勢必成為決勝的關鍵。

消費者的品味若變得挑剔，企業真的也能一起成長嗎？答案是肯定的。現在的食品主要以價格和藥效為賣點，假如能奠定依據米的品種選購，或按雞肉、豬肉、馬鈴薯的喜好與用途的差異來購買的文化，那麼生產者將能夠拓展出更多樣化的市場。一旦開始產生變化，產業將可維持長久穩定的發展，前景也更樂觀。「以合理價格購買合用、合胃口的食品」——Food Biz LAB 也期盼能達成讓此文化逐漸擴散的目標。

比現在更加樂食、樂飲、樂遊的未來

消費者如果更嚴苛，產業就會接收到更多的需求，為了滿足這些需求，革新勢在必行。為了推動革新，食品產業聚落便應運而生。仔細觀察在歐洲的食品產業聚落成功案例，會發現大學、產業與政府的緊密合作至關重要，我們能藉此見證到產業

聚落理論是如何超越理論本身，實際在社會中具現的過程。韓國消費者也開始變得越來越嚴格，對於食品業有更大、更多的要求，這正是在追求吃得更好、喝得更好、玩得更好的未來。因此，我們也需要創新，需要能主導革新的產業聚落。

　　為了要在食品領域打造一個創新的產業聚落，大學所扮演的角色必須改變。韓國大學的教授依然承襲了儒生的精神，他們認為與所謂的「俗世」社會保持一段距離是美德，只熱衷於對學生的教育和論文的撰寫。但如此一來，產業前線所需要的研究和人才培育，都開始受到了侷限。我們必須環顧四周，投身實務現場，找到能貢獻一己之力的事。至於大學的角色，則必須進化成一個能為校園所屬地區解決問題，並創造出實質價值的企業型大學，意即大學應朝著為地方產業培養人才，研發產業需要的技術，再轉移技術的方向改變。

　　此外，產業聚落裡的大學、產業、政府與研究所等各主體間的密切交流相當重要。全球知名的 IT 產業聚落矽谷的革新正是以酒吧為起點。在通往帕羅奧圖市入口的某間酒吧，每逢下班時間就會擠滿收工的企業人士、金融界人士，他們一面喝酒一面閒談，同時創造革新，而關鍵就在於合作網絡。

為了創造食品產業的革新而設立的產業聚落，並非只能倚靠悠遠的歷史、龐大的資本與國家的政策才可行。假如規劃出讓彼此能愉快交流的計畫，開誠布公地討論近期受關注的時事，這樣的場合即可立刻成為產業聚落的起始點。所以，讓我們開誠布公地聊聊吧！

後記

　　這是很久以前的事了，事發場所是首爾大學 Food Biz LAB 常光顧的一間馬格利米酒店。當時這間米酒酒館搭上了韓流與米酒熱潮，進軍到日本的大阪。店家位在大阪道頓堀附近的主要街道上，客群為日本 30 ～ 40 歲的女性上班族。「下班後可以一起去吃韓式料理、喝馬格利！」為了配合這樣的概念，店家甚至僱用了宛如韓國演員般高䠷帥氣的男店員，一切都準備得很完美。

　　在韓國，外食比例第一的地方就屬首爾了，不過在日本的話卻不是東京，而是大阪。在大阪經營成功後再到東京展店，是日本餐飲業者成功的捷徑。日本有句諺語說：「京都人為穿傾家蕩產，大阪人為吃散盡家財。」大阪人對飲食的熱愛就是如

此偉大。假如能擄獲對「吃」斤斤計較的大阪人的胃，那麼以此為跳板進軍東京會更容易。設定好目標的米酒酒館，也做好了迎接挑戰的萬全準備，眼看即將邁上成功之路。然而，老闆卻開始擔心了。

酒館甫開張，店內馬上擠滿年輕的女性顧客，到此為止都很順利，但老闆接著向我吐露了真正的煩惱。事情是這樣的，日本客人吃韓國料理雖然吃得津津有味，但喝馬格利米酒時卻是小口小口地啜飲，感覺並不是很享受。生米酒無法長期保存，如果賣不完的話，所有的庫存就必須丟棄，造成他非常大的困擾和損失，何況在那裡是必須賣出酒水才能獲利的型態啊！酒館的牆上也貼了與韓國獨特飲酒文化有關的「一口乾」、「敬酒」與「波浪接力」*8 等漫畫營造氣氛，卻發揮不了多大的效果。

「教授，如果您有空來日本的話，請到店裡幫我看看是哪邊出問題吧！」

我實在無法忽視他迫切的請求，更何況我還自稱是對策專家！碰巧我也有事必須前往大阪，於是便欣然答應了他的邀約。

*8 韓國酒席上為了讓人快速喝醉而進行的接力飲酒活動。

依約來到大阪的米酒酒館時，大概是下午 5 點左右，我一一查看了店內的裝潢、廚房和食物等等，但是沒什麼可挑剔之處。大廳很乾淨，具有韓國現代風格的裝飾也掛在牆面適當的位置。過了 6 點，客人開始一個個走進來了，主要客群真的是 30 ～ 40 歲的日本女性。雅緻的韓式料理上桌時，美美地盛裝在盤子裡，服務的男職員個個挺拔有禮，供應的米酒也很完美。米酒是使用從韓國空運來的玻璃瓶盛裝，同時附上韓國的傳統瓷杯，看起來沒有任何問題。我繼續觀察，結果真的如老闆所言，日本客人雖然很會吃韓國料理（而且是很辣的料理），但是米酒也喝得太小口了吧？

　　我又仔細觀察下去，為什麼只有喝馬格利的時候是啜飲的？我很好奇客人唯獨對馬格利反應平淡的原因。正在用餐的日本客人，都露出了非常盡興愉快的表情，問題不在於燈光或服務，連我這個自稱是對策專家的人都難以找出解答。

　　「嗯……老實說，我真的不太清楚問題出在哪，難道是日本人的酒量比我們差嗎？」

　　「是這樣嗎？」

　　這位對策專家，最後慚愧地回國了。

後來，過了幾個星期後再見到那位老闆時，他向我喊著「尤里卡！尤里卡！」表情彷彿是在西西里島敘拉古街道上跑來跑去的阿基米德般。他終於找到原因了！他的身後好似響起了勝利的號角，頭上正頂著光環一般。

答案的線索原來近在眼前。在毫無所獲的對策專家離開的 3 天後，有一位在日韓僑第三代的餐飲業顧問拜訪了酒館。接著，這位眼光銳利的顧問觀察了店內客人後，給了老闆一個出乎意料的建議。顧問請他將原本使用的米酒瓷杯換成啤酒杯。「不對啊，怎麼能把濁酒倒在啤酒杯裡喝呢……在韓國不會這樣做啊。」儘管老闆如此解釋，顧問仍請他就當自己是被騙，只要試一個晚上就好了。

於是，老闆在隔天半信半疑地以啤酒杯取代米酒杯擺在桌上，結果神奇的是，客人竟開始大口暢飲馬格利米酒了！馬格利的銷售量開始急速增加。這究竟是什麼樣的黑魔法？

答案解析在此。對於熟悉茶道文化的日本人而言，瓷杯會喚起他們喝茶時的反射習慣，所以當他們喝以瓷杯盛裝的米酒時，就表現出依循茶道的行為。他們會慎重地以嘴抵著杯子，好像在喝茶般小口小口地品嚐，然後再放下杯子。可是，將杯子換

成啤酒杯後，越來越多客人不自覺地表現出喝啤酒的習慣，痛快地喝下米酒。馬格利米酒的本質一點也沒變，不過是替換了容器罷了，人類的行為竟然因此完全轉變。

酒館在經歷了「如遇華佗般的事件」後，便突破了損益平衡點。儘管表面並非本質，但是只改變了表面，竟能翻轉企業的營運。（也許應該說，這層表面就是本質？）

首爾大學 Food Biz LAB 初期經歷的這段插曲，對我和我們團隊研究方向的設定有著很大影響。想研究關於吃、喝、玩的學問，終究得從研究人類開始著手。換句話說，餐飲業的核心是了解消費者的文化、心理與行為。我們 Food Biz LAB 吃了、喝了這麼多，都是為了了解消費者的心，找到能開啟消費者心房的那把鑰匙。讀完全書後，各位讀者認為我們是否真的如序中所說，為了創造出可以更加樂食、樂飲、樂遊的社會，貢獻了一己之力呢？

我要感謝李俊河（이준하）作家，將我和 Food Biz LAB 畢業生的面對面訪談，以及他們所說的在學時期狀況錄下來作為素材，並組織出文章架構。

Food Biz LAB 仍有很多尚未分享的故事，即便是在撰寫這本

書結語的此刻，Food Biz LAB 依舊為了創造一個更好的世界而努力奔走，持續寫下新的故事。如果這本書印到十刷，我會寫第二集的！

國家圖書館出版品預行編目（CIP）資料

食戰！數據化的美味行銷：從吃播美食到熱銷趨勢，首爾大學的料理科學團隊創新感官實驗 / 文正薰（문정훈），Food Biz LAB 著；劉宛昀譯. -- 初版. -- 新北市：遠足文化，2020.11
256 面；14.8 X 21 公分
譯自：푸드로드：음식 트렌드를 찾는 서울대 푸드비즈랩의 좌충우돌 미각 탐험기
ISBN 978-986-508-076-1（平裝）

1. 食品科學 2. 行銷

463   109014388

食戰！數據化的美味行銷

從吃播美食到熱銷趨勢，首爾大學的料理科學團隊創新感官實驗
푸드 로드：음식 트렌드를 찾는 서울대 푸드비즈랩의 좌충우돌 미각 탐험기

作　　　者 —— 文正薰（문정훈）、Food Biz LAB
譯　　　者 —— 劉宛昀
編　　　輯 —— 王育涵
特 約 編 輯 —— 張召儀
總　編　輯 —— 李進文
執　行　長 —— 陳蕙慧

行 銷 總 監 —— 陳雅雯
行 銷 企 劃 —— 尹子麟、余一霞、張宜倩
封 面 設 計 —— 高小茲
內 頁 排 版 —— Sheng

社　　　長 —— 郭重興
發 行 人 兼
出 版 總 監 —— 曾大福
出　版　者 —— 遠足文化事業股份有限公司
地　　　址 —— 231 新北市新店區民權路 108-2 號 9 樓
電　　　話 —— (02) 2218-1417
傳　　　真 —— (02) 2218-0727
客 服 信 箱 —— service@bookrep.com.tw
郵 撥 帳 號 —— 19504465
客 服 專 線 —— 0800-221-029
網　　　址 —— https://www.bookrep.com.tw
臉 書 專 頁 —— https://www.facebook.com/WalkersCulturalNo.1
法 律 顧 問 —— 華洋法律事務所　蘇文生律師
印　　　製 —— 呈靖彩藝有限公司

定　　　價 —— 新臺幣 360 元

初版一刷　西元 2020 年 11 月
Printed in Taiwan
有著作權　侵害必究
特別聲明：有關本書中的言論內容，不代表本公司/出版集團之立場與意見，文責由作者自行承擔。